咖啡行者的
全息烘焙法
（第二版）

Holographic roasting of coffee traveler
In search oftantalizing aroma...

尋找那個誘人的芬芳

謝承孝——著

自序

　　從事咖啡行業這麼多年來，時時感受到咖啡人彼此間傳遞的熱情以及活力，也讓我在摸索的過程中總是感到自己無比幸運。這本書的完成也是如此，這裡面記錄了我在學習咖啡烘焙的過程中，親身所遇到的以及內心思考的過程。而我只是一個幸運兒，在這路途中遇到了許多善知識點醒我，以及給我機會讓我去實驗、試錯，最終打磨出這套全息烘焙法（Holographic Roasting）。

　　對於閱讀這本書的讀者們來說，我會誠心的建議按照章節的先後順序來閱讀。首先理解感官應用的部分，瞭解香氣、觸感、味道的來源，並且嘗試使用書中的方式進行分析、記錄所捕捉到的訊息，接著才進入到烘焙理論的討論章節。因為多年來的經驗讓我深深的體驗到，不懂的喝也就不懂怎麼烘。喝明白了，才知道問題出在哪？要怎麼調整。

　　而關於烘焙討論的章節裡，我特別提醒大家的是，書中所提到的溫度幾乎都是豆子的實際溫度，而不是機器探針所讀取到的溫度。我希望大家能夠加強烘焙師與咖啡豆兩個要素之間的連結，烘焙師藉由捕捉到的現象、資訊來操作烘焙機，進而烘焙出想要的結果。因此我建議讀者們特別留意書中對於顏色、氣味、大小、形狀、聲音等等的現象的說明，不要執著在曲線與手法上。

　　最後我要特別感謝歐舍咖啡 —— 許寶霖老師、李美娟老師以

i

及李雅婷老師,他們三位在我的咖啡旅途上打開了我的視野,讓我開始探索這杯中的細膩風味。而許寶霖老師更是一位深不可測的知識寶庫,每每相遇的閒聊當中都能收穫許多,讓我十分感激敬佩。

最後要感謝塔拉蘇咖啡的所有夥伴以及味丹國際 ── 楊統先生的支持,蕭氏貿易 ── 蕭仲勳總經理在 Giesen 技術上的解惑,吳秋霞老師對於本書的編排與出版所付出與努力。以及咖啡路上陪伴我的好友蔡治宇、陳政學、蔡明善、汪怡新……等(恕不能一一列出)。願好咖啡時時與你同在!

2019 年世界烘焙大賽筆者與好友仲村良行

目錄

TARRAZU CAFE

DEDICATED TO BRING HIGH-END COFFEE BEANS FROM ALL OVER THE WORLD
WE TREASURE EVERY GRAIN FROM GROWERS
AND MAINTAIN THEIR FLAVOUR TO TABLE

Chapter 01

關於全息烘焙法

(Holographic Roasting)

　　在我的印象裡父親是一個交友廣闊的人，小時候每當父親的朋友從國外返回台灣時，總會將國外購得的咖啡豆分享給大家嘗鮮。周末夜裡，這群好友們也不約而至的到來，使得家裡這小小的客廳瞬時熱鬧了起來。

　　在隆重的儀式裡，大家看著虹吸壺的水珠逐漸沸騰，也將彼此的期待帶到了頂點。由於當時咖啡的相關商品還不普及，咖啡在一般人眼中總帶有神祕、稀有、浪漫的色彩，平常所能購買到的「咖啡」頂多只是即溶咖啡，所以新鮮的咖啡豆在當時更是稀有，尤其能夠品嚐到國外帶回來的咖啡，對當時的人們來說可是既興奮又期待。在這樣的環境背景之下，家裡的那支古董虹吸壺也成了大家守護的聖物，總有熱心的朋友細心清洗擦拭它，也會有人熱情的贊助所需的燈芯、酒精等用具。我想，父親的江湖地位或許就是這麼來的吧。

　　酒精燈上的火焰賣力舞動，玻璃壺內的水逐漸上升，在攪拌咖啡粉的過程裡整個儀式也到達最神聖的階段。沖煮過後如山丘一般的咖啡渣也成了話題，從咖啡的好壞到運勢占卜，一切都圍繞著咖啡。雖然這小小一壺的咖啡還要反覆的沖煮之下，才足夠滿足眾多聞香而至的朋友，從現在的角度來看這跟煮中藥翻渣沒兩樣，但是在當時的氣氛下看著大家彼此分享手中的咖啡，聊著天說著笑，對於我父親來說其實也挺樂在其中的。愛熱鬧的我也因此興奮的睡不著覺，總是透過房間的門縫來參與這場盛會。久而久之，能獨自享用一杯咖啡，也成了孩童時的願望，與咖啡的緣分也因此而種下了。

　　隨著飲用咖啡的習慣養成，漸漸的我也開始自己沖咖啡，也買

了義式咖啡機並且學習濃縮咖啡的製作，由於對咖啡的消耗量不斷增加，逐漸萌發出自己烘豆子的想法。考量到當時烘焙機的價格昂貴並且稀少，最小的烘焙量也要 500g 起跳，對於一般家用而言實在是高不可攀。所以最初開始的時候，我是經過上網爬文之後決定先從手網烘焙開始，如今想起當初在瓦斯爐上賣力甩動著手臂，以及把整個廚房弄得銀皮亂飛的窘境，最終陶醉在自己的咖啡裡，這當中的樂趣始終推動著我。接著開始胃口被養大了，開始嫌手網烘焙不夠過癮，逐漸動手 DIY 使用奶粉罐做成（俗稱土炮）小烘焙罐來烘豆子，其實整個過程雖然是跌跌撞撞，但是也樂此不疲。

　　我想任何的學習都是從模仿出發，在咖啡的探索路上我是從買書閱讀開始，也四處跑店泡咖啡館與前輩們交流學習。但是說實話，一路下來獲得到的資訊往往都是矛盾且片段的。我時常在想，如果我喝得夠多，評估的樣本數累積的夠多，那總能喝出點門道吧？基於這樣的想法，於是我開始以當時較為出名的幾個咖啡產地國為主題，讓自己在一段時間內專門喝某一產地國的豆子（當時產區的觀念並不普及），並且搭配店家的解說，漸漸的彷彿得到各門各派的真傳一般，對於巴西、哥倫比亞、印尼以及牙買加等地的咖啡如數家珍，自以為進入咖啡發燒友的境界了。

　　接下來問題又來了，自從開始到處泡咖啡館以及喝遍大大小小名店之後，公說公有理、婆說婆有理的狀況也不時出現。每個店家都表現出無比的自信，但是自己私下反芻這些資訊的時候卻又發現，他們彼此間又充滿著無限的矛盾。我心裡不禁跑出一個大大的疑問，每個人都說自己的咖啡烘得好，說那個不正宗，那問題是到底「什麼是好咖啡」？「好的標準又是什麼」？是客戶喜歡就好，有

上過電視或是名人背書？還是有業界標準？

　　深入的思考這些問題之後，我漸漸萌生出一個想法。以我早期經營工廠時的經驗來說，剛入職的新人總是先被安排去品管部門學習分辨品質的好壞，一直到新人對作業流程有了足夠的熟悉，並且能夠分辨每個工序的品質之後，才能正式派任到所屬的部門任職。也就是說要瞭解一個產品，就必須要先瞭解品質的差異，才能找到相應的對價關係。如果我們從這樣的想法出發來看看咖啡的問題不也是如此嗎？做為咖啡烘焙者的我來說，如果不懂得喝的話，又怎麼知道什麼是好咖啡？什麼是不好的咖啡？又怎麼來判斷自己的咖啡是好是壞？又怎麼分辨這些吸收自百家的咖啡經裡面，哪些是真經？

　　在往後的日子裡，我陸續接觸到了咖啡品質學會（Coffee Quality Institute, CQI）的 Q 系統，以及卓越咖啡聯盟（Alliance for Coffee Excellence, ACE）的卓越杯（Cup of Excellent, COE）的杯測系統，藉由這兩個在業界裡具有指標性的評價系統，逐漸開始將品嚐咖啡時所感受到的訊息，依照感官類別以及評分邏輯來進行系統化的評估。我才逐漸開始瞭解到「咖啡到底是什麼模樣」，以及「不夠好的咖啡到底又欠缺了什麼」？

　　這當中尤其是卓越杯的杯測系統，更是結合了種植條件、飲用美感等概念，讓我獲益良多，以至於我在往後的教學過程中，也非常重視感官能力的建立與評價邏輯的訓練。對我來說，如果不懂得喝或是喝得不明不白，那麼接下來在烘焙上所遇到的盲點也將會無法突破。

圖 1-1　2015 年蒲隆地 COE 競賽現場

　　而在咖啡烘焙上，雖然自己在經驗上逐漸累積，感覺在操作上已經游刃有餘並且不再手忙腳亂了，但是在烘焙品質的部分仍然不夠穩定。有時候能烘焙出令自己很滿意的作品，並且值得自己再三的琢磨所記錄下的曲線數據，但是接下來依照同樣的參數以及曲線再次烘焙時，卻意外的不能複製出一樣滿意的味道，甚至相差十萬八千里！讓人無法相信這竟然是同一條曲線出來的結果，內心充滿了問號。為了解決這種時而發生的品質問題，我總會試著調整入豆溫，或是讓曲線跑快一點、跑慢一點、一爆後發展多一點或少一點，這種如土法煉鋼般沒有方向的嘗試，就像無頭蒼蠅不斷浪費時間也浪費豆子。

　　想當然的，我開始使用排除法來一一檢視整個烘焙過程並藉此找出原因。為此我們懷疑咖啡生豆的品質，也懷疑烘焙機的探針

是否故障、烘焙機排煙是否順暢？是否開了冷氣？大樓電壓穩不穩定？甚至窗戶開多大以及電風扇的位置等等問題都重複考慮。在排除的過程中，我們幾乎懷疑過所有的可疑原因，但是我們卻始終從未反過來懷疑過自己，也沒有好好問過自己為什麼要這麼烘？每一個操作過程背後的意義又是什麼？為什麼開風門香氣就會跑掉？為什麼要降火讓升溫速度平緩？不平緩的話又會如何？在整個烘焙的過程當中，所有操作手法的理論依據是什麼呢？甚至複製曲線這件事是否經得起科學的檢驗？是否有意義？這一連串的問題一直在我的腦中盤繞著。

帶著這樣的想法之後，彷彿開啟了探索的大門，在接下來的日子裡更多的問題浮現在我腦中，例如為什麼有些店家的咖啡比較甜？為什麼有些咖啡有柑橘香？咖啡中的酸味與苦味到底是怎麼來的？為什麼有些人說這些味道是烘焙出來的，但是有的人卻說是天生的？這種種問題都讓我感到非常好奇，甚至將自己完全投入其中，埋頭專研著尋找答案。漸漸的，我才發現原來烘焙並不能隨心所欲的創造風味，過去我們研究梅納反應的進行，奢望帶來千香百味的迷人香氣，但是實際上卻不是如此。有些原本不存在於咖啡果實裡的物質，是無法靠烘焙中的化學反應去生成創造的。在許多情況下，甚至有可能因為不當的操作而讓本來存在於咖啡豆內的美好風味毀滅殆盡。我漸漸意識到過去積極的複製烘焙曲線卻效果不大，使用不同批次的豆子也會讓這個絕招失靈了，以至於過去照抄冠軍選手的曲線最終意義並不大。在一一檢視之後我才發現，過去的我根本搞錯方向了，過去對豆子、對機器的各種質疑，如今如同寓言故事裡那個發現真相的國王一般的赤裸，回想起來都讓我羞愧

無比。對於咖啡豆以及烘焙的技藝，我變得更加敬畏與謙卑了。

　　由於父親是中醫師的緣故，學生時期也在這樣的氛圍下閱讀過中醫的相關書籍，瞭解到中醫全息望診法裡面「望、聞、問、切」的道理。在全息望診的理論中，身體內各個器官、經脈、氣血的運作以及患者身上的病痛都有其機理脈絡，醫生們首先需要掌握醫理與藥理，接著仔細觀察病患的症狀、掌握脈象、觀察舌頭、眼睛、頭髮、皮膚等等的色澤、彈性、氣味等，收集了完整的訊息之後，才能選擇適當的醫療手段。

　　咖啡的烘焙亦復如是，咖啡豆在烘焙過程中都有相關的現象顯露出來，相同的豆子在基於品質以及內部成分的基礎條件下，在烘焙過程中的不同階段都會使其自身產生氣味、色澤、形狀的變化。也就是說不論我使用什麼樣的烘焙機，在什麼環境下烘焙，相同的豆子總是需要經歷相同的變化。由此看來，觀察與掌握烘焙中的咖啡豆並不會因為烘焙機的不同而有所差異。

　　如果我能藉由感官杯測來分辨咖啡品質的好壞，並且在掌握了烘焙理論之後，能夠瞭解烘焙過程中各個化學物質的的變化、溫度以及對咖啡風味所產生的結果，我就能藉由觀察烘焙過程中的氣味、聲音、觸感、色澤來掌握節奏以及決定當下所需要的對策。進一步來說，我也因此能辨識出烘快一點、慢一點、以及不同烘焙手法下對風味的影響差異，以及造成烘焙品質好壞的原因。

　　如果我能喝出咖啡香氣的不同與味覺感受上的不同，加上掌握了香氣的來源，甚至是不同味覺感受的來源以及烘焙過程中造成的影響，我就能進一步掌握烘焙品質。所以我更應該專注的是豆子本

身，這並不僅侷限在自己所熟悉的烘焙機上，也包含在不同環境下操作不同的烘焙機。

由於與咖啡的緣分使我在這行業內不斷的深入，我接觸到世界各個產地的咖啡樣品，並且在與各地生產者的溝通之下，瞭解到他們的想法以及想要呈現的風味畫面。在這些想法背後其實有他們的經濟上與條件上的因素，也有理想與現實的妥協。另一方面我也在產業鏈裡扮演著烘焙師、教育者以及企業主的角色，讓我接觸整個咖啡產業的上游到末端，並且親身參與其中。這讓我深深體會到的是，所謂烘焙師的職責就是好好打扮每一支咖啡，讓它們展現出最美的一面。

如今的我使用過三十種以上的烘焙機，一直遊走於不同緯度以及氣候的地方工作、烘焙，並且使用著不同的烘焙機來生產以及教學。我深深體會到作為一名烘焙師，首先必須清楚知道自己想要的烘焙目標與方向，並且能分辨咖啡豆的品質與瞭解食材的特性與潛力。充分掌握了豆子受熱過程中的所有變化與化學反應（顏色、大小、氣味、聲音等變化）。那麼接下來的，就只是使用什麼手段讓咖啡豆達到我們要的目的了。而掌握烘焙機的操作，瞭解機器的設計與熱傳導的原理就是這些手段。即使使用不同的機器，也是可以藉由不同的手段來達到相同的目標的。烘焙環境與條件會改變，但是感官能力以及烘焙理論是時時伴隨在身邊的。

在這樣的觀念下，烘焙師將觀察的對象從烘焙機上的數據，回歸到咖啡豆上面，並且以烘焙理論為基礎，運用自身的感官能力來捕捉烘焙過程中的種種訊息，進而掌握烘焙的狀況與結果。這樣的烘焙理念特點就與中醫的全息理論如出一轍，一樣是採用望、聞、

問、切的方式來掌握變化與狀況，使得我借用這樣浩翰的醫學理念，將這樣的系統概念取名為全息烘焙法。

烘焙理論、感官能力與邏輯的建立

　　自從開店販賣自家烘焙咖啡豆之後，常常遇到有朋友問我，要如何開始學習咖啡烘焙呢？又或者說，如何讓自己的烘焙更上一層樓呢？當時我的想法總是很單純，不就買一袋耶加雪菲、一袋哥倫比亞回去埋頭苦練就好了。這樣的回答，在大家看來或許會覺得我很敷衍。但是實際上，過去的我不也是這樣沒有方向的走過來嗎？回想當初剛開始接觸咖啡烘焙的時候，學習的管道與方式不外乎上網爬文，然後反覆實驗，或是泡咖啡館向前輩請教。每每獲得面授技巧，又或者是得到烘焙曲線以及參數之類的就值得我琢磨一整個禮拜。當我把這些技巧、曲線實際演練下來之後，卻總覺得好像欠缺了那麼點什麼？但是到底差別在哪？又或者說欠缺了什麼？其實自己也說不上來。最後就只能把問題歸咎到自己身上，阿Q的認為是自己悟性不夠，還沒有領悟到其中的精妙。或者是機器不好抑或是豆子品質不佳的緣故。

　　在與同好交流的過程中，有時候喝了一些前輩烘焙的作品之後，也領會不出其簡中奧妙。說好喝嗎？其實心裡面的感覺並沒有什麼特別的，但是卻又說不出這些咖啡哪裡不好，就這樣如同瞎子摸象一樣喝得渾渾噩噩。除此之外，豆子購買的選擇上也是跟著流行走，一下子聽大家說這支豆子有名，就買了這支豆。一下子聽說那支豆子稀有，就買那支豆。如果烘焙的時候感覺比較順手的，或

是喝起來有點香香甜甜的，就理所當然的覺得是好豆子。烘出來如果是麻舌焦苦的話，那就毋庸置疑的是豆子品質有問題。現在回想起來，這樣的摸索過程不僅沒有從中找到正確的方向，也往往浪費了許多咖啡豆。

後來經過前輩的指導以及上國外網站找資料，並且開始著手進行一些實驗，想從數據的歸納下找出一些烘焙的規律。有時候彷彿整理出一些頭緒，但是卻沒辦法進行合理的解釋，更何況這些規律有的時候是隨著環境變化而失效，也總是為此般的白做功而氣餒。研讀了坊間的烘焙相關書籍，並且按照書籍中揭祕的手法去操作，在信心滿滿的完成手法流程以及烘焙曲線的複製後，結果卻也總是讓人失望。有時懷疑是生豆商惡劣使我買到了次等貨，甚至懷疑是自己的嘴巴不夠敏銳，不是那塊料，品嚐不到生豆商寫的那些杯測風味。

又過了一段時間之後，自己在烘焙上似乎有點心得了，能烘出一些酸酸甜甜的豆子就感覺很自豪，也有自信開始寫一些咖啡的風味描述。例如喝起來有點酸甜感的呢，就寫果酸明亮加上莓果類香氣。烘焙得比較深，喝起來又烏雲罩頂之中還帶點甜感的話，就寫「煙草與巧克力、焦糖」。如同老王賣瓜一般既驕傲又有成就感的看待自己的作品，如今回想起來真的是慚愧。

在經歷這麼多的起起伏伏之後，我靜下心來檢視這一切並且突然想到，如果我們沒辦法分辨一杯咖啡的好與壞的話，又怎麼知道自己的烘焙手藝究竟如何？如果我們沒辦法分辨生豆品質的好壞，又怎麼知道是採購不當？又或者是因為自己學藝不精而冤枉了豆子？

如果我們不懂烘焙的原理，那又如何在烘焙上進行調整？以至於為什麼要加火？為什麼要調風門？在烘焙過程中所有操作的背後總應該有相對應的理論依據吧？

這一連串的問題不斷衝擊著我，我不禁要認真思考，如果真的買一袋豆子回家苦練，又是否真的可以修成正果？這可不像是兒時學騎腳踏車那樣，帶著勇氣摔個幾次就行了。或許最終要加強的不光是練習量所帶來的經驗值，更要分清楚咖啡的好與壞，以及建立起科學的烘焙理論吧。

咖啡豆、烘焙機、烘焙師這三者是烘焙的三個元素，試想一下，每種烘焙機的加熱方式不同、熱效能不同，甚至測溫探頭的位置與靈敏度都不同，各自有相應的操作方式。而同樣一套的操作方式肯定不能適用於所有的烘焙系統，一味抄襲知名選手的烘焙手法，卻又不瞭解背後的原因理由，所帶來的結果當然是東施效顰。這也解釋了為何當初到處請益所得到的祕技手法，在實際演練後卻不是那麼一回事。

我們將這些問題仔細歸納後發現，首先不只需要有章法的大量練習，以及吸收多面的資訊，更需要建立起一套穩定的操作手法、烘焙理論以及感官能力。

就烘焙上來說，建立起一套系統性的烘焙理論是很重要的，當我們面對一台陌生的烘焙機，一款陌生的豆子時，唯有依賴自己建立的烘焙系統才能整理出一條思緒。這部分包含各種熱傳導的效能、咖啡豆在烘焙中的物理變化與化學反應以及現象（顏色、氣味、體型變化……）、烘焙瑕疵產生原因、咖啡各種味道的來源

（酸、甜、苦、鹹）咖啡香氣的來源與生豆知識。甚至包括自己對各個產區咖啡的熟悉度以及長久以來所累積的實踐心得。

　　在烘焙資訊並不普及的過去，我們往往透過國外論壇去取得資訊。而每當獲悉到新資訊時都如獲至寶並與同好們分享。甚至在不明就裡的情況下反覆實驗，當然也因此累積了許多「經驗法則」。但是我們仔細想想，這些資訊以及經驗法則是否能適用在其他烘焙機上呢？如果答案是否定的，那麼是否應該回歸到烘焙原理上去解釋這些經驗？進而將這些原理作為基礎，並且運用到自己的機器上？假設我們獲得了知名烘焙師的烘焙曲線與手法，是否也應該知道他們所使用的烘焙機性能與特性？以及這樣的曲線與手法對豆子所產生的影響究竟是什麼？

　　另外在同好間彼此交流時所討論的「脫水」、「滑行」、「大火大風門」等等術語以及對烘焙結果的種種影響，這些問題其實挺複雜的，首先是這些名詞背後的定義就因人而異。什麼是脫水？什麼是滑行？每台機器性能不同的情況下光是就烘焙手法與現象去討論，而不是從豆子內部的物理、化學變化去討論的話意義又在哪呢？沒有科學的烘焙理論來檢視這些手法的話，一切是多麼的不切實際。

　　對於感官的運用，我不想用杯測一詞去簡單代表，更希望大家放開手的運用自己眼耳口鼻來參與烘焙，以及檢視烘焙的結果。例如在烘焙過程中用眼睛去觀察豆子在色澤、形狀、表面皺褶等變化。耳朵去聆聽咖啡豆在鍋爐中滾動的聲音以及爆裂的聲響，爆裂時的聲響是否清脆？是否綿密？是否響亮？

　　烘焙結束後的品測時，是否將注意力放在舌頭上，去感受酸甜

苦鹹的強度以及搭配？而嗅覺的重要性就不用多說了，為何這些感官訊息那麼重要呢？因為一切跡象都來自於烘焙過程中的物理與化學反應，而藉由感官能力收集這些跡象後，可以藉由所掌握的烘焙理論去解析與調整。而正確的區分味嗅覺與觸覺的訊息，將會更能有效的將烘焙結果進行分析。

烘焙後杯測的部分更不外乎口腔內的觸覺、嗅覺與味覺三大部分，所有杯測表的品測項目也是不斷圍繞著這三項感知來進行。正確掌握杯測表內每一個項目的定義，就能正確的分析烘焙結果，接著藉由烘焙理論來解讀它，進而改善烘焙。

如此一來，杯測表將是一份體檢報告，而不再只是打了一個言不及義的分數而已。試想，在有烘焙理論的基礎下去解讀杯測表上的結果，表格的內容就如同病歷表與檢驗報告般，讓烘焙師可以清楚掌握狀況，並且對症下藥。

美感與境界

接下來我們來思考一下，究竟怎樣的烘焙作品才是好咖啡？當然，每個人的喜好不同，生活體驗以及飲食習慣不同，對於好咖啡的定義當然也會不同。不管是追求酸甜搭配的細膩感，又或是享受風味的變化與細緻也好，咖啡這樣的飲品，最終還是要回歸於生活。怎麼去呈現一杯咖啡的面貌，當然就與我們的日常生活以及愉悅的感受、美好的印象有關。

或許可以分成三個境界去看這件事情，第一個階段是「見山是山」。我們有臨摹的對象，因為我們喜歡那樣的咖啡，所以透過學

習、模仿，並以此為目標，這就是「見山是山」。接下來我們不斷進修，增加自己的品味以及視野，追求的也越細膩與深入；隨著品味與美感的提升，進入到第二階段「見山不是山」的境界，而此時的烘焙師在測試過一支豆子的樣品後，應該就已經能夠自由規劃出咖啡風味的呈現，並且能烘出自己喜歡的咖啡。

第三階段「見山還是山」的境界，我自己也還在摸索中，總覺得越是深入越是鑽研，越是感到一花一世界，每一杯咖啡的背後都有其美好值得探索。到此時我們開始靜靜的欣賞每一杯咖啡了，即使烘焙上的呈現略有不足甚至有所欠缺，但是我們仍可以欣賞它美好的一面，並從中獲取進步的養分！我想，這或許就是「見山還是山」了吧。一路走來，除了自己不斷的學習之外，美感與品味的累積始終引領著我們前進。

熟練的操爐技術與烘焙理論，以及感官能力的累積就像是堆砌高樓的磚，而品味與美感則影響著高樓的最終結果。放開成見去品嚐，也會對烘焙技藝的修煉上有著莫大的幫助，一咖啡一世界，或許也就是這個意思吧。

2022 年 Taiwan PCA 冠軍 豆御香藝伎莊園的 Geisha 咖啡果

Chapter 02

關於咖啡的風味

在聊完心靈層面之後，接下來進入到感官的層面來討論吧。我們日常飲用的咖啡，從生豆開始到最終成為一杯咖啡被人們所享用，這過程中必須經過兩個階段的烹煮，首先一個是烘焙，另一個則是萃取。咖啡豆在烘焙後經過水的萃取，咖啡液才能帶給飲用者感官上的享受。在舉杯暢飲之前，我們往往會先將咖啡杯端起並且靠近鼻子，藉由聞香的動作，感受咖啡所帶來的迷人香氣。這個日常的習慣動作，是藉由感官中的鼻前嗅覺來捕捉咖啡所釋放的芳香物質，進而帶來滿室的芬芳，以及帶給人們愉悅情緒，而這也正是咖啡眾多迷人處之一。

而當我們享受過咖啡的迷人香氣後，這飲入口中時的感受往往會比單純依靠鼻子聞到的香氣來得豐富許多。仔細分析一下入口後的一連串感受，首先傳來訊息的是來自口腔內的皮膚表面，此時能感受到咖啡的溫度以及咖啡液體的流動所帶來的觸感。例如熱咖啡在冬天帶來的溫暖，以及冰咖啡在炎炎夏日所帶來的涼爽。接下來我們可以感受到舌面與咽喉處接收到的酸甜與苦味，進而讓口中充滿渾厚、香濃、滑順、回甘等各種咖啡風味，使人精神為之一振回味再三，也難怪咖啡如此迷人。

而從生理角度解析的話可以得知，我們首先藉由口腔內的皮膚來感受溫度、壓力、接觸、刺激感與位移感，這些就是口腔內的觸感。也因此我們能分辨食物的溫度、辛辣食物所帶來的刺激感與牛奶的滑順、濃茶的苦澀等觸感，甚至是液態類食物滑過口腔的份量感與黏滯度，這些都是口腔內所捕捉到的觸覺感受。

而分布在舌頭表面與口腔咽喉處的諸多味蕾，則會捕捉到食物所帶來的酸、甜、鹹、苦、鮮，這是口腔內的味覺感受。味覺感

受的種類雖然不多，但是彼此的搭配與不同強度交錯下，也造就了感官上的複雜性。當食物與飲品入口後，經由咀嚼等過程使得食物內的香氣分子釋放，並且藉由連貫口腔與鼻腔的鼻咽管進入到鼻腔內，進而再次被嗅覺神經受器所捕捉，這種自口腔內傳播有別於鼻前嗅覺聞香的方式，稱之為鼻後嗅覺。鼻後嗅覺的感受更讓食物增添靈氣，但這卻是在品嚐過程中常常被人忽略的一環。在學習咖啡品鑑的過程中，很多人反應感受不到咖啡的香氣，或者是分辨不出有什麼香氣，這往往是尚未瞭解到鼻後嗅覺的重要性。其實只要身體狀態良好，大多數人都感受的到的。

也因為味覺、嗅覺與觸覺的綜合作用，從而帶給人食物的美好感受。任何食物或飲品在口中所引起的感官刺激不外乎這三種，因此我們將這三種刺激的整體感受稱之為食物的「風味」（Flavor）。

▋ 啜吸與風味的捕捉

由此我們來看咖啡杯測過程中的「啜吸」動作，也就很快能夠理解其中的用意。「啜吸」是一種較為專業的品鑑動作，啜吸之前會先用專用的湯匙從杯測杯裡取出適量的咖啡液，並且將之放置於嘴前靠近齒縫處，接著腹部用力時將咖啡液吸入口腔中，從而來感受「咖啡液進入口中那一瞬間」的所有感官感受。

這個過程講究的是「短暫且快速的吸入」，藉由液體穿過齒縫時將其快速的霧化，讓咖啡裡的香氣分子能夠進而被鼻後嗅覺所捕捉，這樣的品嚐動作其實也不是咖啡品鑑上所獨有，常見於茶飲與橄欖油等品鑑過程當中，筆者過去也曾以這樣的方式評測過精釀啤

酒、威士忌、醬油與牛奶等產品。而每次用湯勺取咖啡的時候，取樣的「量」以及動作也務必講究一致，據此來避免取樣不一致所產生的誤差。

由於口腔內的舌面與咽喉原本就散布著味覺的感官受器，再加上口腔表面帶來的觸感訊息，所以啜吸的過程所捕捉到的訊息不僅僅是鼻後嗅覺的感受而已，也包含味覺與觸覺感受。而嗅覺上的香氣往往也帶有酸甜苦鹹等調性，因此我們也常常將兩者混淆，將口腔內所接收到的鼻後嗅覺香氣當作是味覺上的感受。

如果在啜吸的過程中我們感受到類似烏梅的「味道」，不用懷疑自己，那的確就是咖啡所帶來的香氣。如果你啜吸後感受到的是中藥味、梅果味，甚至是混濁不清的「焦烤味道」，也請別懷疑自己，那也是你鼻後嗅覺真真切切所捕捉到的風味，這都是香氣以及味覺、觸感等綜合感受。有時候我們感受到咖啡帶有類似焦糖的「味道」，甚至是像水果或糖果的「味道」，這時我們不妨捏著鼻子再品嚐一次試試，區分一下這些帶有香甜的味道，到底是味覺上的甜味，還是咖啡香氣所帶來的甜感？

當我們把鼻子捏起來的時候，由於口腔內的氣流流動受到了阻礙，進而使得鼻後嗅覺不易捕捉到口腔內的香氣物質，所以我們感官上所捕捉到的，將是舌面與咽喉處的味覺感受以及咖啡在口腔內的觸感。但是當我們將捏住鼻子的手放開，香氣物質也將順著氣流進入到鼻腔了，這時候我們的鼻後嗅覺就會在手放開的瞬間捕捉到香氣分子。而這樣的一個小技巧也可以幫助我們把注意力分別放在口腔內味覺、觸覺與鼻後嗅覺上面。

　　接下來我們舉一反三，如果遇到一杯喝起來很鹹的咖啡，也可以用這個小技巧來區分，我們所感受到的「鹹」，到底是味覺上的鹹味還是鼻後嗅覺所帶來的鹹感？由於鼻後嗅覺所感受到的味道（香氣）很容易與味覺上的感受產生混淆，藉由這樣的訓練方式，可以將味覺與鼻後嗅覺的感受進行區分，進而增強自己的辨識能力。

　　能夠區分出味覺與嗅覺的感受其實是咖啡品鑑的基本功。筆者過去四處品嚐咖啡的時候，往往遇到一些窘況。有時候喝到一些咖啡感覺很甜，因為有著焦糖般的香氣與醇厚感，但是卻總感覺欠缺了點什麼，彷彿其中有點苦味卻又說不上來？如果此時把鼻子捏起來分辨一下，就能分清楚這個甜感到底是焦糖般的香氣所帶來的甜香，還是味覺上的甜味？當然也就能分辨出那隱隱約約的苦是怎麼回事了。

▍日常的感官訓練

　　學習咖啡烘焙首先要懂得喝。作為咖啡從業人員或是愛好者，都可以在日常生活中進行味覺與嗅覺上的感官訓練，而這樣的訓練並不複雜也不需要太多專業且昂貴的設備。首先準備一些食物或是水果、飲料，接著在品嚐食物之前先捏住自己的鼻子，然後將食物送入口中品嚐。特別要留意的是，當鼻子被捏住的時候與放開之後的感受差異。在這過程中我們可以明確感受到，當我們放開手時，有股食物的「味道」明顯的跑出來，而捏住鼻子時卻只感受得到酸甜鹹苦鮮的味覺感受，以及食物在口腔內咀嚼、流動所產生的觸感與溫度。而放開手之後所感受到的「味道」，其實也就是鼻後嗅覺

的真實感受。

　　例如在品嚐蘋果汁的時候，當我們捏住鼻子時將感受到不同程度的酸味與甜味，以及果汁在口中流動產生的顆粒感以及黏滯感、順滑感等等，但是此時我們卻感受不到蘋果汁的香氣。直到我們放開捏住鼻子的手，香氣物質順著氣流進入鼻腔，蘋果汁的香氣則在那當下顯現出來。這樣的練習不妨可以多試幾次，感受其中的差異。

　　如果把果汁換成平常飲用的咖啡呢？這將會是訓練自己味覺、觸覺以及鼻後嗅覺的好方法。也因此筆者在烘焙與杯測的課程訓練過程中，會鼓勵大家利用這樣的方法品嚐日常周遭的食物、飲品與水果，甚至啤酒、蛋糕、香料等。並且留意各種水果的香氣與味覺上的強度比例與位置，藉由這樣的訓練可以幫助大家深刻的累積味、嗅、觸覺的感官記憶庫，而不再只是侷限在聞香瓶的鼻前嗅覺訓練。

　　在這個練習的過程中，我們可以將感官區分為嗅覺與味覺兩類。並且進一步的分別依照感受到的訊息進行「種類」以及「強度」、「持續性」的區分。

　　讓我以手邊的耶加雪菲博瑞納（Borena）來舉例吧，這支豆子在杯測時有著青檸、柑橘、紅糖、蜂蜜、巧克力這樣的風味呈現，這就是嗅覺所捕捉到的訊息，接下來我們還要分析這些香氣各自的強度與持續性。以及味覺感受上酸、甜、苦、鹹的強度與持續性如圖 2-1 所示。

　　在這樣的圖表中，我們將味覺與嗅覺上的香氣區分開來，並且

依照所感受到的訊息來分析各自的強度、持續性與變化。這樣的分析方式有別於傳統的杯測表，更著重於單一感官類別的分析。而在品嚐過程中，能將味覺與嗅覺獨立進行區分的分析是專業品嚐人員必備的基礎功夫，如果能以上述的方式進行訓練，將會在品嚐時對咖啡的整體風味有更深切的掌握，進而反饋到生豆品質、咖啡沖煮以及烘焙過程上。

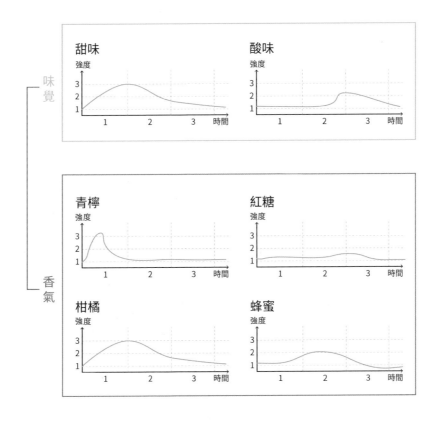

圖 2-1　感官強度與持續性記錄

▌咖啡杯裡的味覺搭配與美感

　　在日常的店面營業裡常常聽到客戶說「我不要酸的咖啡」，也常常聽到咖啡業者抱怨消費者不懂咖啡的酸。仔細想想，日常飲食中酸味真的無處不在，從果汁、飲品到沙拉、川菜等都有酸味活躍著。而水果茶、果汁特調飲品充斥街面的景象也讓我們不禁經要思考，消費者真的不能接受酸嗎？難道不酸的咖啡才能被市場接受嗎？究竟怎麼樣的咖啡才能同時被消費者與業者們接受？在描繪心目中咖啡的理想模樣前，我們先分別從味覺、嗅覺、觸覺等角度來解構咖啡的各項元素吧。就味覺的角度來說，咖啡的味覺感受包含了酸、甜、苦、鹹（鮮味不討論），那我們就首先來討論那令人又愛又恨的酸吧。

　　在我們的生活印象裡，檸檬汁與橙汁是很常見的果汁飲品。我相信鮮榨的檸檬汁那如剃刀般銳利的酸，著實讓人難以接受。也因此大家多半酌量搭配使用。例如在餐飲場所供應的飲用水當中，有些店家會在水中加點檸檬汁及檸檬片，如此一來確實讓客人在飲用時感覺清爽許多。而新鮮的柳橙汁帶著酸酸甜甜的感受總是讓人喜愛，從鮮榨的橙汁到超市的罐裝飲料都非常暢銷。兩者對比一下不禁讓人想到，同樣都帶有酸味的兩種檸檬汁與橙汁，為何接受度差這麼多？

　　相信在上述的描述裡，我們可以輕易的從這個對比裡面察覺到「甜」味的美麗身影陪伴其中。在有了甜的搭配之下，橙汁的酸就顯得明亮跳躍而不再有著剃刀般的銳利，所以甜味的搭配是很重要的，但光是只有甜就好嗎？那酸味在酸甜組合之間又扮演著什麼樣

的角色呢？這點就切入了問題的主軸了。

　　由名廚 Daniel Patterson，與知名調香師 Mandy Aftel 合著的 *The Art of Flavor* 裡就很貼切的詮釋了酸甜苦鹹彼此間的地位與角力。當酸味沒有甜味的搭配下將是呆板尖銳的死酸，也就如同剛剛所提到的檸檬汁。但是酸味能降低鹹、甜和苦味感受，提振過度濃郁的味道，令人眼睛一亮。檸檬汁與柳橙汁的對比除了同樣都有著酸味之外，甜味的搭配也成了重點。Patterson 也提到，甜味是用來緩和強烈風味的好工具，並且甜味能讓鹹、酸和苦味嚐起來更溫和，並且有提升食品濃郁程度的功效，能讓強烈的風味更圓潤。例如，在油醋醬汁裡加點蜂蜜或楓糖漿所產生的神奇效果。也因此柳橙汁中的甜味既讓酸味更溫和了，也讓風味更圓潤討喜。所以酸味雖然可以增添層次感，但是檸檬汁當中酸味強度較強，並且沒有甜味將其柔化，所以相較於柳橙汁來說就顯得愉悅感不足。而以葡萄酒來說，紅白酒那酸中帶甜的感覺則是因為甜味柔化了強烈的單寧酸，在餐飲上更是利用酸度較高的酒來搭配較為油膩的肉類一起進餐。藉由酸味中和肉類的油膩感，以及中和鹹味與苦味的特性來增進用餐的體驗。

　　我們如果把檸檬汁的酸當作是具有刺激性與侵略性的酸（Sour），那麼柳橙汁的甜酸就可以稱之為柔和且舒服跳躍的酸（Acidity）。當有了甜味作為柔和、引導、托承之後，酸味就不再那麼刺激，也更能被大眾所接受。

　　而光是只有甜味（Sweet）的話，除了容易膩口之外也缺少變化與層次。因為酸味除了能帶來層次感外，酸味還能由口腔內部不同的位置感受到。除了來自於舌後方之外，就實際感受而言，也會來

自於舌下以及喉頭上方。如此一來,在酸與甜味的配合下,不只因為有了甜味能讓酸味更加柔順外,酸味的跳躍起伏以及感受位置的不同也增加了空間感、明亮感、跳躍感,讓味道從 2D 的平面躍升到 3D 的空間感。所以當消費者反應「老闆你的咖啡太酸」的時候,我們或許可以思考一下檸檬汁與橙汁的問題,是否是咖啡的甜感不夠所導致的?

　　瞭解酸與甜關係之後我們繼續討論苦味與鹹味吧。鹹味可以說是食物中不可或缺的味道,烹調食物的時候如果不加些鹽則讓人食不知味。在 Patterson 看來,就調味上來說鹽是味覺中的 MVP(最有價值一員),是調味時最重要的部分。鹽能使味道鮮活、引出食材風味、平衡甜味和酸味,此外還能提升香氣。並且提到鹹味能中和甜味以及讓食物提味,使用一小撮鹽能讓甜點比較不甜,但整體風味卻會更加鮮明。記得過去剛開始學習做提拉米蘇的時候,總不在乎那一小勺的鹽巴,總以為放了足夠的糖就可以讓甜點變得更好吃。果不其然,做出來的味道總欠缺點什麼。美國費城的莫乃爾化學感覺中心做了一系列的實驗,發覺鹹味不只是食物中不可或缺的味道,更有類似提味的作用。更正確的來說是「掩蓋不好的味道」的作用。實驗的結果發現鹹味不只可以遮蓋苦味(比糖的效果還好),還可以增加甜感!最直接的體驗就是吃西瓜時灑點鹽巴讓西瓜更好吃。

　　咖啡中的鹹味主要來自於礦物質,而這些礦物質並不會因為烘焙而減少。反觀新鮮咖啡生豆中蔗糖的含量大約占 6% 至 9%(隨海拔高低而不同),這也是咖啡甜味的最大來源。而生豆儲存方式不佳,以及不當的烘焙除了令咖啡失去甜味外,連帶的也使酸味顯

得更刺激且令人不悅。在失去甜味的平衡後，反而更加凸顯咖啡的鹹味與酸味。烘焙師如果一時不察，為了修飾尖酸的不悅而刻意磨酸，則可能會使得咖啡的味覺天秤更向鹹味與苦味傾斜。此時更應該回歸原點來進行檢視，別忘了魔鬼總是藏在細節裡。

　　一般人都不喜歡苦味，更不能接受強度渾厚如同重擊後腦勺的苦。我們以葡萄柚與高純度的黑巧克力為例子。兩者都是甜中帶著苦味，但是兩者在苦味與甜味的強度卻有所不同，使得大家在購買時會特別注意這苦味的「強度」。太苦的柚子在市場上的接受度並不高，所以重點在苦味的強度上面。如果咖啡裡面有著強烈的苦味，或許就會令人感到排斥與不悅，那麼咖啡裡到底要不要有苦味呢？

　　咖啡中的苦味主要來自於烘焙過程中綠原酸產生的綠原酸內酯以及焦糖反應、梅納反應所產生的生成物，也就是說苦味的強度與烘焙程度成正比關係。而舌頭後方的舌根部位對於苦味較為敏感（苦味的感受當然不局限於舌根），也因此當我們品嚐到過於沉重的苦味時會有種彷彿穿透後腦勺的感覺。這點也跟喝到尖酸的飲品時，下巴兩側嚴重緊繃有著相同的道理，並且別忘了味覺的受器是延伸到喉嚨。

　　既然烘焙過程中少不了苦味，以及不會因為烘焙而減少的鹹味。那麼作為烘焙師的我們更應該要思考的就是設法控制苦味與鹹味的強度，並且盡量保留甜味來與之搭配。除了利用甜味來讓咖啡更容易入口之外，適量點綴的苦味也可以增加飲用上的廣度與深度。如果能再加上酸味來為咖啡帶來活潑與跳躍感，也就能讓咖啡的入口如同交響樂般起承轉合的演出。

　　整體來看，甜味對咖啡的影響的確非常大，這點也可從卓越杯杯測表（圖 2-2）中得到證實。這是一個「為了從一堆好咖啡中找出最棒的咖啡」而設計的杯測表。整個表格圍繞著甜感（Sweet）與乾淨度（Clean Cup）兩大主軸來發展，並且各個品測項目彼此間有很強的關聯性。研究發現海拔每升高 300 公尺，咖啡豆蔗糖的含量就增加 10%。換言之海拔越高的豆子甜度也就越高，只要經過適當的烘焙後當然會表現出優雅滑順的酸質（Acidity）以及口感（Mouth Feel），也會有香甜多變的香氣被鼻後嗅覺所捕捉到。在這一連串彼此關聯的品測項目裡，也是由甜感（Sweet）與乾淨度（Clean Cup）來貫穿全場。所以回到原點來看，如何最大程度的保留甜味並且搭配著酸味及鹹味，最後控制好苦味呢？這將是烘焙師們的重要課題，這樣概念不只適用在咖啡上，當然也適合於其他食物上，善用味覺的搭配也是食品行業裡的一門重要的學問。

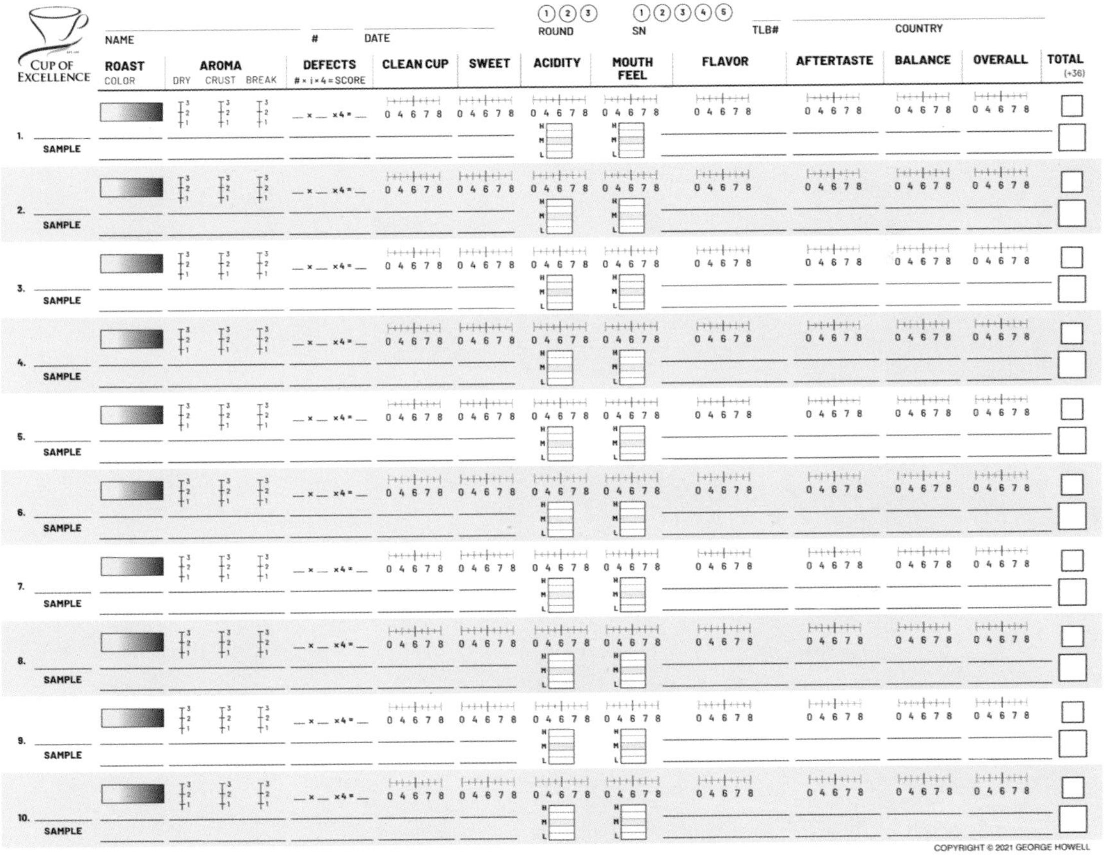

CUP OF EXCELLENCE

NAME # DATE ① ② ③ ROUND ① ② ③ ④ ⑤ SN TLB# COUNTRY

	ROAST COLOR	AROMA DRY	AROMA CRUST	AROMA BREAK	DEFECTS # × i × 4 = SCORE	CLEAN CUP	SWEET	ACIDITY	MOUTH FEEL	FLAVOR	AFTERTASTE	BALANCE	OVERALL	TOTAL (+36)
1. SAMPLE		3 2 1	3 2 1	3 2 1	__ × __ ×4 = __	0 4 6 7 8	0 4 6 7 8	0 4 6 7 8 H M L	0 4 6 7 8 H M L	0 4 6 7 8	0 4 6 7 8	0 4 6 7 8	0 4 6 7 8	
2. SAMPLE		3 2 1	3 2 1	3 2 1	__ × __ ×4 = __	0 4 6 7 8	0 4 6 7 8	0 4 6 7 8 H M L	0 4 6 7 8 H M L	0 4 6 7 8	0 4 6 7 8	0 4 6 7 8	0 4 6 7 8	
3. SAMPLE		3 2 1	3 2 1	3 2 1	__ × __ ×4 = __	0 4 6 7 8	0 4 6 7 8	0 4 6 7 8 H M L	0 4 6 7 8 H M L	0 4 6 7 8	0 4 6 7 8	0 4 6 7 8	0 4 6 7 8	
4. SAMPLE		3 2 1	3 2 1	3 2 1	__ × __ ×4 = __	0 4 6 7 8	0 4 6 7 8	0 4 6 7 8 H M L	0 4 6 7 8 H M L	0 4 6 7 8	0 4 6 7 8	0 4 6 7 8	0 4 6 7 8	
5. SAMPLE		3 2 1	3 2 1	3 2 1	__ × __ ×4 = __	0 4 6 7 8	0 4 6 7 8	0 4 6 7 8 H M L	0 4 6 7 8 H M L	0 4 6 7 8	0 4 6 7 8	0 4 6 7 8	0 4 6 7 8	
6. SAMPLE		3 2 1	3 2 1	3 2 1	__ × __ ×4 = __	0 4 6 7 8	0 4 6 7 8	0 4 6 7 8 H M L	0 4 6 7 8 H M L	0 4 6 7 8	0 4 6 7 8	0 4 6 7 8	0 4 6 7 8	
7. SAMPLE		3 2 1	3 2 1	3 2 1	__ × __ ×4 = __	0 4 6 7 8	0 4 6 7 8	0 4 6 7 8 H M L	0 4 6 7 8 H M L	0 4 6 7 8	0 4 6 7 8	0 4 6 7 8	0 4 6 7 8	
8. SAMPLE		3 2 1	3 2 1	3 2 1	__ × __ ×4 = __	0 4 6 7 8	0 4 6 7 8	0 4 6 7 8 H M L	0 4 6 7 8 H M L	0 4 6 7 8	0 4 6 7 8	0 4 6 7 8	0 4 6 7 8	
9. SAMPLE		3 2 1	3 2 1	3 2 1	__ × __ ×4 = __	0 4 6 7 8	0 4 6 7 8	0 4 6 7 8 H M L	0 4 6 7 8 H M L	0 4 6 7 8	0 4 6 7 8	0 4 6 7 8	0 4 6 7 8	
10. SAMPLE		3 2 1	3 2 1	3 2 1	__ × __ ×4 = __	0 4 6 7 8	0 4 6 7 8	0 4 6 7 8 H M L	0 4 6 7 8 H M L	0 4 6 7 8	0 4 6 7 8	0 4 6 7 8	0 4 6 7 8	

圖 2-2　COE 卓越杯杯測表

資料來源：Alliance For Coffee Excellence (Many thanks for the generous authorization of the Excellence Cup and George Howell.)

Chapter 03

咖啡香氣的來源與咖啡風味輪

　　聊到咖啡的風味就不能不提咖啡風味輪這個業界裡大家都熟悉的好工具。咖啡風味輪（Coffee Taster's Flavor Wheel），是由美國精品咖啡協會（SCAA）資深顧問 Ted Lingle 於 1997 年所編繪而成的。完整的風味輪分為兩大部分，一部分是由氣味輪與滋味輪所組成，另一部分則是由瑕疵風味所組成。其中氣味輪與滋味輪則是依照烘焙過程陸續呈現的順序排列。這樣的風味輪在威士忌、紅酒、牛奶等食品中經常可見，也是幫助咖啡從業人員與愛好者快速掌握風味的好工具。

　　在前面章節裡討論了杯測的感官練習以及味覺搭配的重要性之後，接下來讓我們把注意力移到風味輪當中的「氣味輪」的部分吧。氣味輪裡依照咖啡烘焙過程中香氣出現的順序分成三大區塊，分別是酵素群組（Enzymatic）、糖類褐化群組（Sugar Browning）以及乾餾群組（Dry Distilation）。

　　由於海拔每增加 100 公尺，氣溫下降 0.6℃。在這樣的情況下，隨著種植所在地海拔的增加，使得咖啡果實的糖分也隨之增加。在良好的種植環境下，植物在白天進行光合作用吸收光能，並轉換成植物可以使用的能量，同時分解水分產生氧氣釋放到空氣中。而在夜裡，植物利用光反應產生的能量用以固定二氧化碳，並且轉換成葡萄糖，進而經由呼吸作用氧化碳水化合物、蛋白質、脂質產生能量、水分以及二氧化碳等物質。但隨著海拔升高，生長的環境越趨嚴苛，使得呼吸作用也隨著溫度下降而趨緩。植物在這樣的環境下為了抵抗寒害，所以會累積分子量較小的物質並儲存著，藉由水分中溶質的增加使其不易結冰的特點來避免自身結凍，進而保存更多的小分子物質（例如葡萄糖、烯類）。也因此海拔每增加 300 公尺，

咖啡豆內的蔗糖含量便隨之增加 10%。在日夜溫差的影響下，咖啡豆在生長過程中將會合成出奔放迷人的複雜香氣，其中具有柑橘、檸檬、蘋果……等香氣的萜烯類精油正是在這樣的條件下產生與累積的，這也造就了風味輪裡迷人的花香、水果香氣，而這些我們歸納為「酵素系」或稱為酶化（Enzymatic）風味。而從烘焙師的角度來看，我們不只要瞭解各種咖啡香氣的屬性與烘焙度之間的關聯，更要掌握到香氣與海拔之間的關聯。所以接下來將會依照海拔高低以及深烘焙等條件下的風味展現為出發點來進行討論，也做為後續章節的基礎觀念。

高海拔的咖啡風味特徵

咖啡的迷人香氣分別來自於幾個方面，這包含了植物酵素作用所產生的原生風味，與後處理過程中糖類與微生物經過發酵、酯化所產生的醇類、酯類香氣。以及烘焙過程中，咖啡豆內受熱進行化學反應所產生的香氣等三大部分。植物內所含的酵素種類甚多，不同的酵素在經歷氧化還原、異構化與水解等過程後最終產生出各種香氣。而咖啡迷人的花香、果香、香料以及草本香氣大多是大自然孕育下所產生的天然香氣，這樣的迷人香氣自然離不開酵素的功勞。植物內的萜類、脂肪酸以及胺基酸等物質在酵素的作用下所生成的酯類、醛類、酮類、萜烯類等物質，也帶出迷人的花香、水果香氣（柑橘、莓果……等）、草本類香氣以及為咖啡增添靈氣細節的香料香氣。也因為這些香氣均是植物酵素作用下所產生的香氣，故在習慣上統稱為酵素類香氣（如圖 3-1）。

　　例如上揚清新的花果香以及柑橘、檸檬、柚子、蘋果等香氣屬於精油類的萜烯以及芳香醇，也是高海拔咖啡的風味特徵。這些香氣物質大多為沸點較低且易揮發的小分子量物質，易溶於油脂、微溶甚至不溶於水。有一些咖啡生豆所散發的水果甜香如水果的清甜感、甘蔗香、醃製的蜜餞與熱帶水果等等香氣，則是在後處理過程中經歷發酵以及酯化所產生的酯類物質，兩者雖然都帶有水果香氣，但是生成的條件以及原因則是完全不相同的。

備註：

　◎ 酵素系的香氣包含花香、果香與草本香氣，均為植物自然生長下所產生的天然香氣。具有分子量小且親水性低的特性。

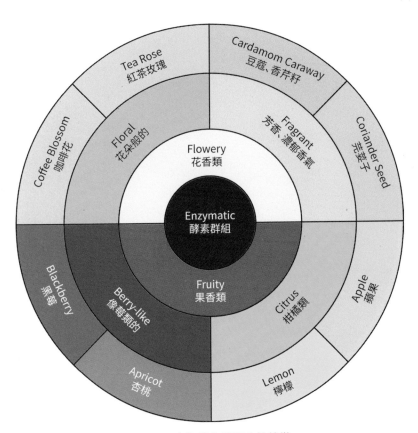

圖 3-1　高海拔咖啡風味的特徵

　　再者，隨著咖啡種植的海拔越高，種植環境的日夜溫差也越大，咖啡豆內蔗糖的含量也隨之遞增。蔗糖含量越高，咖啡的甜度也越高，也因此在烘焙時越容易經由焦糖化（Caramelization）的作用而產生呋喃類如甜奶油、焦糖、蜂蜜、糖漿般的香氣（如圖3-2）。

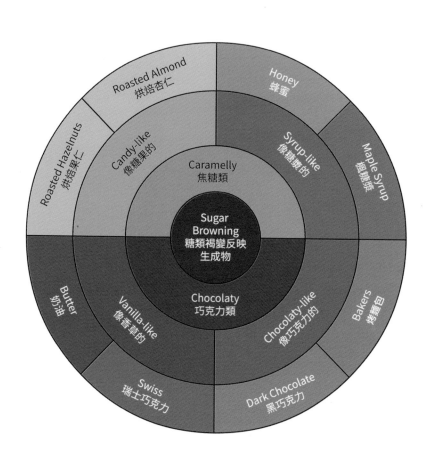

圖 3-2　焦糖化的咖啡風味特徵

　　咖啡果實內含量有限的單醣（葡萄糖、果糖）在烘焙過程中經過焦糖化之後會形成一種帶有杏仁味、麥芽味的物質 —— 糠醛（又稱糖醛），接下來糠醛還會與含硫胺基酸產生糠硫醇（FFT），而糠硫醇也是烘烤咖啡常見的香氣之一，也因此在食品工業上常常作為香精添加於各類食品中，為食品增添「咖啡香」。

由表 3-1 咖啡豆烘焙前後的化學分析結果可知，阿拉比卡咖啡的蔗糖含量在烘焙前約為 8% 左右，而還原醣（葡萄糖、果糖等）約為 0.1% 左右，雖然此數據的測量時間為 1995 年，並且隨著近幾年咖啡市場的蓬勃發展，種植技術也越來越提升，咖啡生豆內的蔗糖含量也因此提高。但是既使如此，蔗糖含量仍然有限，在烘焙的角度上來說並不是取之不盡的材料，所以盡量將有限的糖分進行焦糖化才是最恰當的運用。

備註：

⊙ 焦糖化與梅納反應皆為糖類的褐變反應。是烘焙過程中受熱產生的化學反應，並且會產生具有中等分子量、易溶於熱水等特性的物質。

表 3-1　咖啡豆烘焙前後化學成分百分比

成分	阿拉比卡咖啡		羅布斯塔咖啡	
	生豆	熟豆	生豆	熟豆
多醣類	49.8	38.0	54.4	42.0
蔗糖	8.0	0	4.0	0
還原糖	0.1	0.3	0.4	0.3
其他醣類	1.0	-	2.0	-
脂質類	16.2	17.0	10.0	11.0
蛋白質	9.8	7.5	9.5	7.5

胺基酸	0.5	0	0.8	0
脂肪酸	1.1	1.6	1.2	1.6
奎寧酸	0.4	0.8	0.4	1.0
綠原酸	6.5	2.5	10.0	3.8
咖啡因	1.2	1.3	2.2	2.4
葫蘆巴鹼（包括烤焙副產品）	1.0	1.0	0.7	0.7
礦物質	4.2	4.5	4.4	4.7
揮發香氣	微量	0.1	微量	0.1
水	8 至 12	0 至 5	8 至 12	0 至 5

▋中低海拔的咖啡風味特徵

　　在中低海拔地區的咖啡風味受到日夜溫差變化的幅度較小，並且生長環境較為溫暖的因素影響，也因此低海拔地區的咖啡豆蔗糖含量遠遠不如高海拔環境下生長的咖啡豆。如此一來，中低海拔的咖啡豆在烘焙過程中的焦糖化程度也將遠不如高海拔咖啡豆來得活躍。在這樣的環境條件下的中低海拔咖啡除了酵素類的草本香氣以及醣類焦糖化的香氣之外，醣類與胺基酸、蛋白質一起受熱進行的梅納反應（Maillard reaction）將容易成為中低海拔咖啡豆的主要香氣來源。

　　梅納反應的過程中會產生類似烤餅乾、烤堅果、鮮炒味、焦烤味、草味等吡嗪、吡啶、吡咯等物質，以及帶有黑色素且帶厚實感與澀感的多酚類物質 —— 梅納丁。並且在植物內部的酵素作用下，中低海拔咖啡亦會帶有醛類、酯類的草味、青瓜、蔬菜與水果等香氣（如圖 3-3）。

再者，生長在低海拔地區的咖啡豆因為面臨病蟲害的機率較高，植物為了自我保護的緣故，將會導致綠原酸、咖啡因的含量也相對較高。而綠原酸在中深烘焙下也會產生類似煙味、藥味以及香料味等具有刺激、澀感的苯酚類物質。因此在低海拔豆的風味特色裡，草味、土味、烤堅果、焦味、煙味與苦澀感往往是其風味感受的代表。

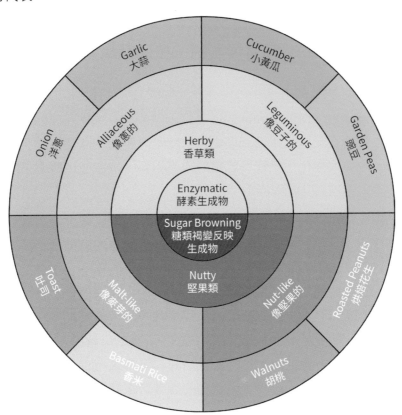

圖 3-3 中低海拔咖啡的風味特徵

備註：

◉ 黃瓜、豌豆類等草本類的香氣也是咖啡的原生風味。
◉ 梅納反應所產生的香氣通常伴隨著焦、烤、鮮、煙味等感受等，並且多半不帶甜感。

乾餾群組 —— 與海拔無關，高溫深烘焙之下的風味表現

　　乾餾作用（Dry Distillation）是指固體或是有機物在隔絕空氣的情況下乾燒直至碳化。而深度烘焙的咖啡豆經歷了高溫下的脫水、熱解、脫氫與焦化，過程與乾餾的過程相似，故將深烘焙之下所產生的香氣歸類為「乾餾群組」。

　　由於烘焙前阿拉比卡咖啡豆內的木質素、纖維素等多醣類的含量高達 49.8% 左右。也就是說在烘焙到接近二爆的高溫環境下，咖啡豆內的多醣類與胺基酸在高溫下受熱，不斷的降解、聚合，在這當中木質素、纖維素分解後將產生的阿拉伯半乳聚糖、半胱胺酸以及愈創木酚，其中愈創木酚亦為深烘焙咖啡的苦澀感來源之一。而半胱胺酸的熱解將產生「硫」與阿拉伯半乳糖的降解物 ——「喃甲醛」聚合而成硫醇化物，也為深烘焙的咖啡帶來巧克力、可可、肉香、雞蛋香等香氣，這亦是深烘焙的咖啡帶來濃郁且渾厚的香氣來源（如圖 3-4）。

　　如此看來，乾餾作用下的纖維素、木質素分解後的一連串熱

解、合成等反應，即是醣類與胺基酸所進行的梅納反應，當然也會
產生更多高分子量的黏稠化合物——「梅納丁」與香氣。

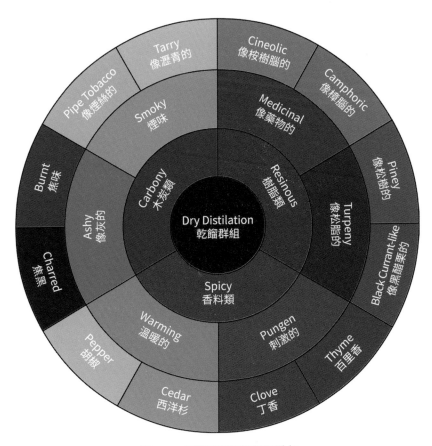

圖 3-4　高溫下的乾餾作用香氣

備註：

◉ 乾餾群組的香氣都是經由烘焙而產生，具有低沉渾厚的特色，並且帶苦感與澀感、刺激感。

◉ 梅納反應所產生的香氣通常伴隨著焦感、烤感、鮮感、煙感並且不帶甜感的感受。

咖啡香氣與烘焙度的關聯

在討論過咖啡香氣與海拔的關係之後，接下來當然也要討論香氣與烘焙度之間的關聯。首先要清楚意識到的是，由於咖啡豆是立體型態的物體，也因此在烘焙過程中豆子內外的受熱會有所差異。也就是說豆表將會先接受到能量，所以豆表的烘焙程度就整體來說會比較高、比較深。而豆子內部則要等到豆表接受到能量之後，再將能量導入使豆內烘焙度逐漸加深，這個過程當中也會隨著豆體導熱狀況的不同而影響能量傳導的效率，進而造成烘焙初期的階段裡咖啡豆在烘焙程度上呈現由外而內、由深至淺的漸進式變化，如果我們能從這樣的角度來看烘焙，就會觀察到許多更有趣的事情。

咖啡的香氣有很大一部分來自於烘焙過程中的各種化學反應，這當中包括我們常聽到的梅納反應以及焦糖化作用。除此之外，也包含大家常常在自然乾燥處理的咖啡中喝到類似菠蘿香氣、百香果、藍莓等熱帶水果香氣，以及清新上揚的檸檬、柚子、花香等，這些分別源自於咖啡豆處理過程中發酵與酯化，所產生的醇類、酯類香氣以及咖啡豆自然生長下酵素作用所產生的酮類、萜烯類物質

所產生的香氣。

　　而隨著烘焙的程度越深，咖啡豆的香氣變化則如咖啡風味輪所體現，淺烘焙下將出現風味輪當中「酵素群組」的花香、果香、草本類香氣。接下來隨著烘焙度加深至淺中烘焙度開始，由褐變反應所產生的核果、焦糖、巧克力等香氣逐漸濃郁。隨著溫度持續上升逐漸接近第二次爆裂時，乾餾群組的樹脂、香料香氣則開始接連出現直至最終咖啡豆碳化。過程中豆子內的化學反應隨著烘焙的時間與溫度不斷改變，也使得香氣的呈現隨著烘焙進程而有不同的變化（圖 3-5）。

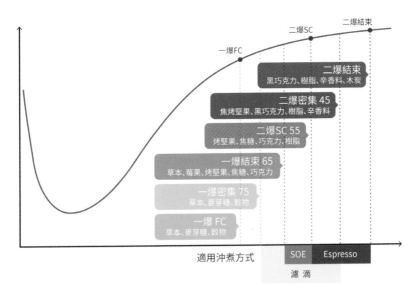

圖 3-5 烘焙過程中的香氣變化過程

　　烘焙程度的不同亦反應出不同的香氣呈現，而咖啡豆內外的

烘焙程度漸進式的變化，也意味著香氣呈現會有如彩虹般的連續銜接。以筆者手邊的耶加雪菲博瑞納（Borena）為例，這支豆子在杯測時有著青檸、柑橘、紅糖、蜂蜜、巧克力這樣的風味呈現，其中青檸與柑橘香氣屬於咖啡豆本身因酵素作用所生成的物質，在風味輪屬於「酵素群組」。而紅糖、蜂蜜、巧克力是糖類褐變所產生的香氣，則屬於風味輪中間的「醣類褐變群組」，所以也就是說這支咖啡在香氣上的跨度則是由最淺的酵素群組發展到褐變群組。

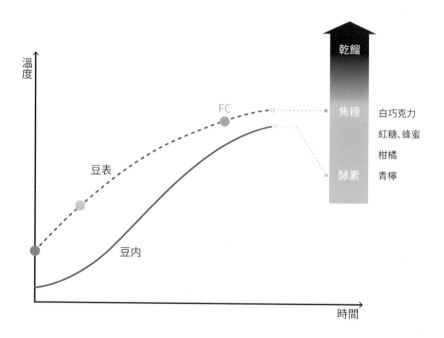

圖 3-6　內外烘焙度與香氣譜之對應

　　圖 3-6 的曲線分別代表著烘焙過程中豆表與豆內各自的溫度發展，由於咖啡豆進入烘焙機之後，豆表隨即接受到大量的熱能，所

以豆表的溫度會相較豆內來得高一些。假設烘焙程度最深的豆表所呈現出的是糖類褐變群組中的巧克力香氣，那麼豆內最淺的部分就可以推論為酵素群組的青檸香氣。如果繼續烘焙下去，豆表與豆內的烘焙度將隨著溫度與時間而持續升高，所呈現的香氣當然也會相應加深。

然而烘焙過程中不當的操作，也會使得本該漸進且連貫的香氣味譜轉變為片段、不連續且突兀的結果呈現。所以說在烘焙過程當中對咖啡豆供應穩定且持續的能量很重要，往往一個操作就會讓烘焙結果相差甚遠。這其中不只牽扯到醣類、蛋白質、胺基酸、綠原酸、水……等多種物質受熱所起到的複雜化學反應，也與豆體受熱後，陸續升溫到玻璃轉化溫度而對豆子結構與導熱產生的影響有關，所以操作手法的不同亦會對咖啡風味的呈現留下印記。如果能善用鼻前與鼻後嗅覺的感受，亦能將這破碎的香氣味譜描繪出來，進而找出改善的方向。

然而在實務經驗中我們總結後發現，藉由咖啡豆內外的烘焙程度與香氣發展趨勢這兩者之間的關聯性，我們也就能找到各種烘焙度下的香氣與烘焙度色值「如：艾格壯值（Agtron）」之間的關聯（圖3-7）。藉由這樣的關聯，我們可以在烘焙前，依照想要呈現的風味來規劃烘焙度與數值。也可以在烘焙後，藉由嗅覺捕捉來推算烘焙程度數值，這也是感官與烘焙度之間的關聯與應用。

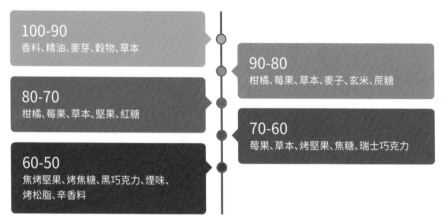

100-90
香料、精油、麥芽、穀物、草本

90-80
柑橘、莓果、草本、麥子、玄米、蔗糖

80-70
柑橘、莓果、草本、堅果、紅糖

70-60
莓果、草本、烤堅果、焦糖、瑞士巧克力

60-50
焦烤堅果、烤焦糖、黑巧克力、煙味、烤松脂、辛香料

圖 3-7　烘焙度數值與風味間的關係

　　講到這裡，也讓我們聯想起先前所提到的杯測記錄的使用。如果能將嗅覺感受到的香氣以及味覺、觸覺等感受分別記錄，並且依照強度、種類、順序與時間持續性進行標註。當我們在實務中遇到發展不足、發展過度、夾生、水感、紙味、金屬味、木質味等各種異常感受的時候就能將其進行解析，也更能明確掌握到問題的指向。

　　在教學上我們將此稱之為「風味陣列」。除了在嗅覺上要將香氣的種類記錄下來，也要仔細辨別香氣的屬性並且記錄下來。例如莓果香氣是否新鮮上揚帶甜感？還是低沉醃製？

　　草本氣息是否略帶上揚的清甜感？

　　是新鮮奔放的香甜柑橘味？還是混濁略帶焦感的陳皮？

　　花生味是烤堅果？還是青澀的生花生？

　　焦糖味是否帶有濃郁的甜感？還是帶有低沉厚重的苦？

由於烘焙過程中的化學反應會使得咖啡的香氣產生微妙的變化,甚至烘焙後的咖啡豆受到烘焙度、膨脹度的影響,導致氣味分子在萃取效率上有明顯的差異。這些香氣物質的溶解特性不同,有些溶於油且微溶於水,並且在不同濃度下的感受也不同。例如吲哚這樣的物質在不同的濃度下就有著花香與糞臭味的巨大差異。而分子量較小且沸點低、易揮發的萜烯類精油香氣也會隨著烘焙度的加深而失去。有了這些描述詞彙可以更具體的詮釋香氣的屬性,加上烘焙度的推斷,能讓烘焙師更近一步的掌握咖啡烘焙的修正方向。

　　這樣的做法實際上就是將杯測表進行解構,回歸到感官上的味覺、嗅覺、觸覺。實務操作上,我們更習慣使用風味陣列來替代過去使用的杯測表。例如藉由判斷酵素類香氣的屬性與強度來分析生豆品質以及咖啡粉的烘焙度,從焦糖類香氣的強度與屬性以及甜味、苦味的對應來判斷豆表的烘焙度與 RD 值,以及藉由酸值與酸度來分析出鍋的時機點。

　　進一步來說,既然烘焙過程中的操作手法不同會造成咖啡在飲用上有著不同的風味呈現,那麼反過來思考,烘焙師在掌握咖啡的味覺(酸、甜、苦、鹹、鮮)與觸覺、香氣感受的來源與變化之後,我們也可以依照想要呈現的風味輪廓來進行烘焙操作與烘焙程度的規劃,如此一來所謂的甜蜜點、最佳出鍋時機、烘焙曲線的調整與解讀又將有新的認識,烘焙師的視野與框架也將拓展開來。

Chapter 04

烘焙前的生豆品質分析

　　咖啡豆之於烘焙師，就如同食材之於廚師。對於廚師來說，每當拿到食材的時候，總是會先初步瞭解食材的新鮮度以及特性，例如觀察外表的色澤與氣味，輕輕敲擊蔬果的表面，或是按壓拍擊肉品等方式來對掌握食材的狀況。那麼咖啡豆呢？如果同樣以食材的角度去思考這個問題，考慮的方向就會清楚許多。

　　手中的一把咖啡豆從種植開始，歷經了採收、發酵、乾燥、去殼、運輸，最終來到我們手上，接下來的過程裡再經過烘焙師的淬煉後，最終在杯子裡面展現風味潛力。這樣看來，種子到杯子（Seed to Cup）的過程即是影響品質的關鍵。如果沒有良好的土壤、氣候、海拔以及細心的種植與田間管理，又怎麼能收成高甜度與複雜風味的咖啡櫻桃呢？如果沒有適當與嚴格的發酵控制與乾燥過程的話，再好的咖啡櫻桃也是枉然，亦無法萃取出高品質的咖啡。所以從這樣的角度來思考問題，一切就有脈絡可循。

　　從種子到杯子的過程中，每一個過程都將對品質產生影響，進而在烘焙後展現不同的結果。當我們拿到一支陌生的咖啡生豆時，除了留意廠商提供的海拔、產區、處理法、等級之外，是否還有其他值得我們注意的細節呢？又如何從這些細節裡掌握品質的蛛絲馬跡呢？而這些訊息在烘焙上又有什麼影響呢？

圖 4-1　從種子到杯子的過程裡，良好的種植環境與管理才是品質的關鍵

▌色澤與外觀

　　在接觸到咖啡豆時，首先進入眼簾的是它的外觀與顏色，咖啡的色澤與外觀受種植以及後處理過程的影響，讓不同的咖啡在色澤上有所差異。良好的生豆外觀應該是光滑（或許仍帶有銀皮）並且沒有過多皺摺的，並且在外觀色澤的表現上應該是均勻且一致的。如果生豆的色澤上表現出有深有淺的差異時，則有可能是在出口前由多個批次混合後的結果。大部分的水洗咖啡豆應該是以綠色為主，並且依照每個產地處理方式的不同，而有碧綠色到淡綠色的差異，這些都是很正常的現象。而自然乾燥（Natural）與蜜處理（Honey）的咖啡豆則是依照產地的習慣差異以及發酵程度的不同，

而有淡綠色、黃綠色、黃色甚至橘色的差別。甚至有時候輕發酵的
自然乾燥處理的過程成會讓豆子帶有淺綠色的色澤,這些也都是正
常現象,在歐洲規格的豆子上很常見。

圖 4-2　外觀色澤的一致性是生豆品質判斷的第一步,圖為特殊處理法的
　　　　衣索比亞豆

過去我們會以咖啡生豆色澤的深淺來作為豆子含水率的判斷。甚至認為顏色越淺的豆子其水分含量（含水率）就越低，反之則越高。但是在烘焙相關器材越來越普及的今天，我們發現這樣的觀念其實並不正確。淺綠色、泛白的豆子有時後測得的含水率卻相對較高。由於工作的關係，我們每年會收到來自各個咖啡生產國的生豆樣品，每支豆子都要檢測外觀顏色，並且使用儀器測試含水率以作為烘焙與生豆檢測的依據。在近萬支樣品的累積下來，我們發現，影響咖啡豆子表面色澤的原因非常廣泛，從生長過程中的雨水與氣候環境影響、後處理過程的發酵與浸泡控制，以及包裝方式與運送過程等等因素，使得咖啡豆未必以碧綠透亮的色澤示人。而拋開外表的成見後，咖啡依然展現出華麗多變的杯中風味。

　　所以，豆子的表面顏色與最終的風味呈現並沒有絕對關係。當然，顏色較淺也不代表咖啡豆不新鮮，一致且均一的色澤至少能夠反映出後處理過程上的嚴謹。

▌生豆的氣味

　　咖啡生豆的氣味是深入掌握豆子品質狀況的第一步，良好品質的咖啡香氣應該是上揚且帶水果甜感的。而發酵過程中如果控制不當，例如水洗池沒有清洗、發酵過度等等，都會讓咖啡豆的香氣產生複雜並且難聞的香氣。

　　水洗處理（Wash Process）過程裡首先會將咖啡果的果皮與果肉去除，進而將被羊皮紙包覆的咖啡豆浸泡在發酵池中，這個過程主要是利用羊皮紙層上的果膠進行發酵。此時果膠會在水中分解成糖

分進而被水池內的微生物所利用，進而發酵產生醇類與二氧化碳。而醇類將與有機酸進行酯化產生水果般的香氣，這也是水洗處理的生豆會有著類似甘蔗、水果清香的原因。如果此過程當中產生發酵控制不當的話，甚至有可能產生酸腐的臭味以及丁酸等物質，進而讓生豆產生刺鼻、低沉、酸腐與藥水般的臭味。如果咖啡本身甜度不足，則有可能讓咖啡豆增添其草味、土味等氣味。

圖 4-3　發酵過程將會直接影響咖啡生豆的氣味

　　而自然乾燥處理（Natural Process）有別於水洗過程中僅使用羊皮紙上的果膠進行發酵，而是利用整顆咖啡櫻桃內的果肉，直接曝晒在空氣中進行發酵。當空氣中的真菌類附著在咖啡豆上之後，隨即開始分解果實內的糖分進行發酵。而發酵的速度則隨著乾燥過程

中咖啡內的水分與水活性而產生變化。緊接著在這過程中所產生的醇類亦與果實內的有機酸（例如 2- 甲基丁酸、3- 甲基丁酸……等）進行酯化後產生香甜水果般香氣（例如 2- 甲基丁酸乙酯、3- 甲基丁酸乙酯……等）。

圖 4-4　成熟的咖啡果才能帶來更高的甜度與風味（他扶芽 tfu'ya 有機莊園）

　　如果整個乾燥的速度過快、時間較短，微生物則無法充分進行發酵，最終將會影響酯化的結果以及香氣。咖啡果實本身甜度不夠，那更無法進行良好的發酵。如果發酵階段的時間過長，則可能產生較為低沉的水果香氣。由於各個咖啡產國在處理過程的細節上有所不同，生豆所產生的香氣也會不同。例如衣索比亞、哥倫比亞的水洗處理咖啡生豆多半帶著甘蔗與水果甜香，肯亞的水洗咖啡多

半帶著玉米的清甜香。

　　自然乾燥處理的咖啡也會因為發酵程度的不同使得香氣上也有所區分，例如輕度發酵下會產生清甜上揚的瓜果甜香，而中等程度的發酵將會帶來上揚帶甜感的紅色莓果、熱帶水果香氣。如果聞起來像是醃漬的蜜餞或是果乾類的低沉香氣，雖然嗅覺的感受上也會帶來甜感，但實際上卻是屬於發酵過度的狀況。另外值得注意的是酯化反應的結果多為水果類香氣，較難產生類似玫瑰、桂花等香氣，如果生豆的香氣表現上有明顯的花香，則可能是其他特別的處理所產生的結果。

　　在生豆氣味的辨識上，首先留意是否是清新上揚以及是否帶有水果香甜感？如果氣味混濁甚至低沉帶有藥味，則可能發酵過程不嚴謹所產生。而上揚且清甜或是沉悶的蜜餞果乾類香氣則反映出發酵程度。建議烘焙師們平時可以多練習，並且對比精緻處理的精品豆與商業豆之間的差異，逐漸掌握此間的細微差異。

圖 4-5　水洗處理後進行棚架乾燥的帶殼咖啡豆（他扶芽 tfu'ya 有機莊園）

圖 4-6　果肉一起進行蜜處理乾燥過程

▌咖啡豆粒徑大小與目數

在生豆氣味的辨識上，首先留意是否是清新上揚以及是否帶有水果香甜感？如果氣味混濁甚至低沉帶有藥味，則可能發酵過程不嚴謹所產生。而上揚且清甜或是沉悶的蜜餞果乾類香氣則反映出發酵程度。建議烘焙師們平時可以多練習，並且對比精緻處理的精品豆與商業豆之間的差異，逐漸掌握此間的細微差異。

咖啡豆的大小與均勻度對於烘焙過程中的影響是非常重大的，在烘焙過程中咖啡豆的粒徑越大，則代表能量從豆表透入豆內的路徑越長，相對所需要的時間也較長一點。

在國際上咖啡豆的目數標準是以 1/64 英寸為單位。所謂的 20 目即為 20/64 英寸，表示咖啡豆體較為中心的部位最窄的直徑為 20/64 英寸以上，大約是 8mm。依此推算下來，16 目即為 6.5mm。

圖 4-7　咖啡生豆所使用的目數篩網

咖啡豆的目數如果較為集中，則烘焙過程中每一顆豆子在鍋爐內的受熱也會較為一致。對於烘焙節奏、火力的掌控也較為容易，風味也較為集中且單一，在烘焙度的選擇上則較為寬廣，由淺至深都適合。

　　如果咖啡豆的目數過於分散，則有可能豆子內所包含的品種與採收批次較為複雜，在烘焙上則會變得較不容易掌握，適合較深一點的烘焙度。甚至相同的烘焙度下有可能產生較小目數的咖啡豆烘焙度較深，而目數較大的豆子烘焙度較淺的情況發生。從實務經驗來看，目數跨度大且不集中的情況，多半發生在商業豆等級的咖啡上。

　　實務操作上我們習慣取一公斤的生豆進行目數的分析，如果大部分的目數集中在兩目以內，則多半是種植與採收時品種較為單純集中，又或是經過乾處理廠（Dry Mill）嚴格篩選過的產品。

表 4-1　咖啡豆的含水率密度與目數分析表

項目		Anasord	Buku Abel	Dintu	Konga
含水率		11.4%	10.9%	11.3%	11.3%
密度		785g/L	784g/L	786g/L	749g/L
目數	18	8	7.4	6.9	31.6
	16	27	26	28	28.3
	14	69	65	66	20.5
	12	2	1	2	19.6

　　以上表 4-1 為例，前三支豆子的大小目數都較為集中並且密度

較高，而第四支 Konga 的目數分布則較為分散，並且密度相較其他豆子來得低，在採購時務必要審慎思考。由於目數分布較廣，在烘焙上勢必容易顧此失彼產生不均勻的現象，烘焙師在實務操作的過程中不可不察。

圖 4-8　上海味丹企業的生豆處理設備

生豆密度

咖啡密度測量的原理其實很簡單，首先要取得物體的體積與重量，接著將重量除以體積就可以得到密度了。但是實際操作上來說，咖啡豆的重量數據容易取得，但是體積的部分則受限於豆子體形的影響，在堆積的狀態下是沒有辦法估量咖啡豆間的間隙，也因此使得我們無法簡單快速的測量出密度。為了應對這樣的特性，一

般在食品行業會使用阿基米德定律來進行測算，也就是說將一定量的咖啡豆置入裝有水的容器中，並且觀察水位上升後所增加的體積來獲得咖啡豆實際的體積數據。如此方法所獲得的數據雖然較為準確，但是卻不適合一般小微型烘焙商。

目前業界普遍使用量筒來測量堆積密度（Bulk Density），也是推算生豆密度的一個好方法，雖然與豆子的真實密度還是有一段差距，但是就豆子與豆子間密度的相對性來說，還是有其參考價值的。堆積密度的測量方法很簡單，首先我們取一個圓柱狀的容器並且先取得容器的容積。在這部分我們盡量選擇圓柱狀的容器，並且容量越大越好。以筆者個人習慣來說，選擇一公升容量的茶葉罐為最佳。將生豆填入容器後盡量拍打、夯實，讓罐子內的豆子處於嚴實緊密的狀況（圖 4-9、4-10）。如此一來，每一次測量之間的差異會縮小，取得的數值也具備參考價值。

填充完畢後，取一把尺或平板，用尺將容器口上的豆子刮去，並且確保沒有任何一顆咖啡豆高於容器口表面即可。接下來使用儀器測量容器內豆子的重量，再將所測得的重量除以容器的容積之後，即可得到咖啡豆的堆積密度了。

在填充的過程裡，盡量將咖啡豆堆積的嚴實一點，堆積的越嚴實則越接近「最密堆積」（SpherePacking）。理論上來說，相同的三維物體在不重疊的情況下的最密堆積密度能達到實際密度的 74%。而烘焙師由此方法所獲得的數據也不失為作為密度的參考值。

就烘焙過程來說，越是密度越高的咖啡豆，能量穿透豆體的阻礙就越大，相對來說所需要的烘焙時間也相對長一點，所以掌握咖啡豆的密度也就掌握了烘焙的節奏與火力調整的時間點。

備註：

⊙ 咖啡生豆的密度不等於其硬度。

圖 4-9　拍打、夯實之後，使用平板將容器頂端多餘咖啡豆刮除

圖 4-10　刮去表面的咖啡豆後，使用一個平板放置於頂端，並且確定
　　　　　容器與平板間沒有縫隙

生豆含水率與玻璃轉換溫度之關聯

　　從食品的角度來看，含水率是食品品質的重要指標之一。食品內一定程度含量的水分可以保持食品品質，而含水率的高低則會直接影響其風味、腐敗的快慢與發霉。就微觀的角度來看，水分含量的高低則會對微生物的生長與生化反應都有著直接的影響，但是水分並不完全以自由流動的狀態存在於食品當中，一般食品中的水分存在主要有三種形式，這分別是：

1. 自由水（游離水）：自由水包括組織細胞間隙與食物組織及結構中自由流動的水。

2. 親和水：溶液或膠態溶液的分散介質，如食鹽、砂糖、 胺基酸、蛋白質等溶液中的水。

3. 結合水（束縛水）：如葡萄糖、麥芽糖、乳糖的結晶水，結合水的含量對食物的口感與風味有重大影響。

　　一般來說，測量含水率的方法有許多，主要分別為乾燥法與電測法兩大類別，而電測法則包含了電阻式、電容式、紅外線式、核磁共振式等方式。電測法的測量速度快且方便，故在食品相關行業裡大多使用此方式進行咖啡含水率的測量。在電測法當中，咖啡業界普遍使用電容式測量法來進行測量。由於糧食等物品含水率的變化必將引起樣品的介電常數產生相應的變化，所以依照這樣的原理來推算糧食中的水分含量也較為快速方便。食品中的含水率不只與食品的保存、風味息息相關，也與食品體系的玻璃轉化溫度（Glass Transition Temperature, Tg）以及其他物理性質有著密切關係。

　　咖啡生豆的含水率普遍在 8% ± 12% 之間，不同的含水率也代表其玻璃轉化溫度的不同。含水率越高的豆子，其玻璃轉化溫度則越低。相反的，含水率越低的豆子則有著較高的玻璃轉化溫度。掌握玻璃轉化溫度對於烘焙師來說更是至關重要，這將影響烘焙過程中能量透入豆內的時機點以及最終的風味表現，在後續的章節內也將陸續介紹玻璃轉換溫度的掌握與應用。

　　筆者過去曾將市面上常見的幾款烘焙度測試儀以及水分密度儀做過測試，就烘焙度檢測儀的部分來說，絕大部分的儀器的精準度都在伯仲之間，而取樣面積越大的儀器則測量結果的穩定性就越高。而含水率儀器的測試結果也是很穩定的，其實這一點也不意外，既使是幾千塊錢的糧食穀物專用含水率測量儀，只要設定在正確的模式下，測量出來的含水率數值在精準度上依然不輸給數萬元的儀器。

　　唯獨在密度的檢測數值上，不同儀器間的差異較大。若想進行簡單測量，則可以直接以本篇介紹的方式測量出參考數據，雖然豆子之間的隙縫空間無法扣除，但是所得到的數據也足夠烘焙師作為參考了。

生豆的含水率、密度與大小的數據歸納與分析

　　在取得了咖啡生豆的各項數據後，隨即可以將豆子的含水率、密度、大小等屬性進行歸納（圖 4-11）。由於咖啡豆的含水率與玻璃轉化溫度有關，而密度與大小目數則與能量從外表透入豆內所需要的時間與路徑長度有關。所以在分析豆子數據後可以知道，含水

率較高的豆子其玻璃轉化溫度較低，應該會在烘焙開始後沒多久隨
即開始軟化。而就目數較大或是密度較高的豆子來說，其豆表開始
軟化的 T0 點開始直到整顆豆子都軟化的 T1 點之間所需要的時間較
長。這樣的數據即可以讓烘焙師在烘焙前進行整體能量與節奏的規
劃，所以準確且有效的測量數據是非常重要的。

　　實務操作上，每次烘焙之前筆者都會測試每支咖啡豆的的含水
率、密度，並且將這些數據記載在烘焙標籤上。接著再按此（含水
率、密度）以及目數大小做分類，並且將同類型的豆子集中在一起
烘焙，如此也便於觀察以及掌握烘焙過程中的變化。

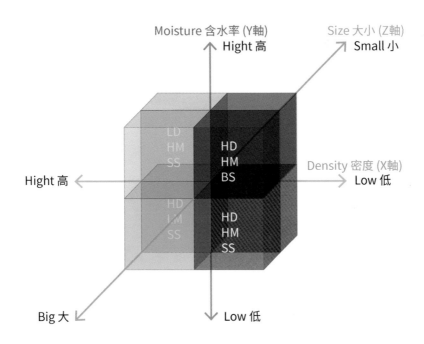

圖 4-11　含水率、密度、大小分析圖

Chapter 05

烘焙前的設定與烘焙概念

烘焙環境的光源設定

由於在烘焙過程中，烘焙師需要不時進行取樣來觀察咖啡豆的烘焙狀況，這當中的重點即是藉由豆表的色澤與變化來判斷節奏是否匹配。所以光源的色溫是很重要的，如果光源的色溫過高，會讓咖啡豆色澤偏冷色系，在一爆後觀察時豆表的色澤容易顯得較淺。同樣的道理，如果色溫低於 3000K 時則偏向暖色系，在觀察上容易顯得烘焙度較深。光源的 K 數選擇上建議選擇接近日光的 5000K 至 6500K 之間，依照每個人的習慣有著不同的選擇，只要在烘焙時以及挑熟豆的環境下採用一致的光源即可。並可以藉此養成對咖啡豆表以及咖啡粉烘焙度 Agtron 色值判斷的能力。

筆者習慣採用國際上通用的服裝對色標準 D65 光源來進行咖啡豆的對色，D65 光源的 6500K 色溫是國際標準的人造日光燈色溫，是紡織服裝界較為普遍的對色標準，日常生活中也容易購得。

關於風門的概念

「風門」這樣的中文詞義在意向上總是帶有「閉合」、「開關」等的印象，例如坊間常見日本富士、楊家飛馬、HB、Diedrich 等品牌即是以閘門的形式來調整氣流量的大小。另外還有一種俗稱「電子風門」的形式，即是以變頻器搭配風扇等可調式抽風設備來實現。風門這樣的機構在烘焙機上面並非必須的，有些烘焙設備上面並沒有這樣的機構。

而風門的操作會直接改變流入烘焙室的空氣量以及速度，所

以操作者在風門的操作上不可不認真對待，烘焙過程中也必須將風門的操作變化記錄下來。舉例來說，較大的風門會使烘焙機從外界抽入更多的新鮮空氣，空氣也會快速的經過火排。如此一來，就可能會導致這些快速流動的空氣沒有足夠的時間被火排加熱便進入滾筒，對咖啡豆的加熱也將產生負面影響。即便是加大火排的能量供應，風速的加快也會增加空氣的熱導率，進而縮短烘焙時間。而抽風強勁時，這些空氣也可能從機器上的任何空洞由外界抽入機器內，而這些空氣卻未必能被有效的加熱。所以，掌握空氣路徑與流量是熟悉烘焙機的第一步。

　　由於坊間烘焙機所使用的閘口式風門，大多以圓形的擋板來實現調節。而擋板調整的角度與空氣流過擋板的截面積卻並非成正比，較小與較大的角度對空氣流量的影響幅度較小，所以操作者千萬不要將閥門上的刻度與空氣流量劃上等號。另外，在烘焙前啟動機器的時候，務必要先開啟機器的風扇進行抽風，並且調整好風門、風扇轉速或是風壓後再點火進行熱機。並且在熱機的過程中務必要保持烘焙機內的氣流通暢，避免熄火後造成更多的安全隱患，畢竟安全是最重要的！

　　值得注意的是閘口式風門在經過幾輪的烘焙後，在閘口的位置往往會產生銀皮堆積的現象，這對於排氣以及滾筒內的壓力都會產生影響。風門阻塞會導致空氣流量較小，以及抽風的負壓下降，進而導致烘焙結果的不同。所以每當筆者使用這類型的烘焙機時，都會在每一鍋烘焙完畢之後將風門完全開啟，以便將堆積的銀皮排出。如果能夠搭配壓差表來監控鍋爐內的壓力變化，將會更直觀有效。

圖 5-1　常見的機械式風門

圖 5-2　楊家烘焙機風門

圖 5-3　楊家烘焙機風門位置

風門的設定與安全風門

　　多年來的實際經驗告訴我，烘焙機的操作最好盡量簡單並且避免複雜重複的操作。所以在風門的設定與操作上，筆者也建議盡量簡單，在烘焙過程中盡量減少風門的頻率操作以免徒增變數。

　　在設定風門時，我會在有生豆載量的情況下先將風門調至最小的狀態，並且抽出取樣棒，在取樣口點燃打火機讓火苗與取樣口約略保持 2 至 3 公分的距離（依不同機型而有所調整），接著逐漸打開風門。在緩慢增加風門的同時也留意火苗的狀況，當垂直的火苗逐漸向取樣口的方向形成 30 至 45 度時即為「安全風門」。另外在生豆載量不同的時候，空氣流經滾筒的阻力也不同，所以也要做適當的調整。烘焙過程中可以全程保持在安全風門的狀態，既可以保持空氣的流通，也確保滾筒內的換氣率。

圖 5-4　使用打火機在取樣口前測試安全風門

　　由於風門大小會直接影響咖啡烘焙的風味結果，所以在調整到安全風門之後即可以進行首次烘焙。首次烘焙的烘焙度設定以淺中烘焙為主（豆表焦糖化約 65 上下），在不另外調整風門的情況下完成整個烘焙過程。

　　如果烘焙結果反映出風味表現較為寬廣且不集中，並且艾格狀所測得的咖啡粉數值較高（約在 85 左右），則可以適當將風門調小一點之後再次烘焙調適。如果風味太過集中並且渾厚呆板，則可以相應地將風門調大一點。由此可見，烘焙的操作與調整仍然是建立在感官能力上，這也呼應了先前所提到的「學習咖啡烘焙首先要懂的喝」，感官的敏銳度依然是調整烘焙的不二法門。

　　在與烘焙機生產廠商的交流中得知，常常有使用者抱怨烘焙機的排風不夠強勁，導致豆子始終有煙味、焦味等不愉悅的風味產生。當然也有人反饋機器的火排不夠旺，導致豆子始終烘不透。這樣的意見反饋也導致廠商們不斷加大抽風的風機功率以及火排的加

熱效率，有時候這些問題大多出在氣流的控制上。其實解決方法很簡單，只要調整一下風門的操作即可迎刃而解。

　　筆者在 2019 年世界烘焙大賽現場與 Giesen 全球行銷總監 Marc 的討論中即體現安全風門的概念。Marc 表示，在 2006 年創業之前，就已經累積了多年烘焙機生產以及操作經驗。而且在當時創辦人 Giesen 先生就率先提出「受壓（Under Pressure）」的核心觀念，所以在創業時所生產的第一臺機器就已經具備風壓調整的功能，以及火力控制、滾筒轉速控制、火力控制、自動控制……等功能。

　　而穩定的風壓對於烘焙的穩定性有著很重要的影響，不管是烘焙過程中的化學變化還是豆體大小的物理變化，甚至是遇到天氣的濕度與壓力等環境產生變化時，Giesen 烘焙機將會自行維持壓力的穩定來應對氣流壓力的變化，減少天候與環境對烘焙品質的影響，以及陰天雨天還是空氣濕度、溫度等環境因素對鍋爐內壓力所造成的影響。

　　而簡便的打火機檢測法雖然可以在風門的設定上找到初步的設定方向，但還是要靠烘焙師的感官與經驗來進行調整。另外安全風門的設置並不等於讓鍋爐內的氣流壓力自始自終保持穩定，空氣在烘焙機內流動的負壓仍然會受溫度以及豆子的阻力所影響，應該視情況而作相應的調整。

圖 5-5　以 Under Pressure 為設計理念的 Giesen 烘焙機

圖 5-6 以玻璃管外側鍍膜作為熱源
的 IOC501 烘焙機

圖 5-7 佈滿孔洞的滾筒

▎關於風溫

　　目前大多數的烘焙機都可以在滾筒轉速、風門／風壓以及火力上進行操作。也因為這些設定上的不同，導致在相同的豆溫烘焙曲線下卻有著不同的烘焙結果。所以減少烘焙設定上的變因是穩定烘焙結果的首要。安全風門其實是個區間的概念，設定上也與機器熱源的加熱效能、滾筒轉速設定有著密切的關連，牽一髮動全身。加熱效能好的烘焙機，在安全風門設定上可以採用較大的開度（例如 Giesen、Probat P 系列）以及較快的滾桶轉速。而以電熱管為熱源的電熱型烘焙機，以及滾筒上有孔洞，使得空氣流動較複雜的直火式機則需要採用較為保守的風門開度。

　　IOC501 這款烘焙機的風門／風壓設定就格外有趣，由於熱源為內層玻璃管外側的金屬鍍膜，並且加熱效率快。而抽風引進的氣流則完全未經加熱，所以風壓的設定上就與滾桶轉速呈現互補的情況，滾桶轉速越快，風壓的設定上就要相對保守。

　　而 Boxer T300 烘焙機雖然採用電熱管作為熱源，但是在滾桶轉速上較為溫和，以及風壓設定上已屬於安全風門的區間，所以操作起來簡單輕鬆。由此看來烘焙機的操作空間越大，所能呈現的風味就越多面，操作難度就越高，畢竟操作空間越大不等於有效的操作空間。相反的機器的有效操作空間越小，所呈現的風味就有限。

圖 5-8　Boxer T300 烘焙機

　　安全風門的設定在 Beanbon 浮風式烘焙機上更顯得重要，這種更大程度依賴熱氣流作為熱源的烘焙機在氣流的設定上不只要能穿透豆堆，更要能替代滾桶式烘焙機的葉片對豆堆進行翻攪。而過於強勁的氣流不止降低了被熱源加熱的程度，也降低對豆堆的加熱，

所以在氣流設定上以能夠吹動、翻攪豆堆即可。

圖 5-9　依靠熱氣流加熱的浮風式烘焙機 Beanbon

　　一般烘焙機所採集到的風溫有兩種,一種是採集進入烘焙室時的空氣溫度「進風溫」,例如 Stronghold、Atilla 等,這樣的風溫數值通常比較高(如圖 5-10)。而大部分烘焙機廠家的風溫數據則是採集從烘焙室排出的「排風溫」數據,例如 Giesen、楊家、IKAWA,兩者的差別則是溫度探針所處的位置而有所不同。而國內的烘焙設備所測得的風溫,普遍指的是從烘焙室排出的空氣溫度。

　　在操作上來說,兩種不同的風溫形式都可以提供烘焙師在能量

供應上的參考。但是對於使用「閘門式」風門的烘焙機而言，閘門開闔的大小會直接影響空氣的流量、流速，進而影響風溫。所以有的時候在烘焙過程中會發現風溫比儀表的豆溫低，這其實也是很正常的。

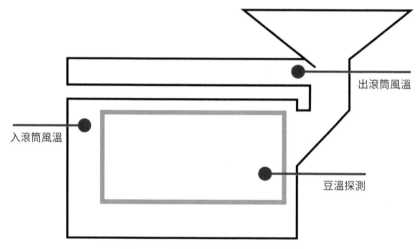

出滾筒風溫

入滾筒風溫

豆溫探測

圖 5-10　豆溫與風溫測量點示意圖

　　而在相同的風門或風壓的設定下，豆子進入鍋爐內進行烘焙之前，風溫與豆溫探針所捕捉到的能量皆來自空氣以及金屬的輻射熱。機器的風溫越高則代表鍋爐內有更高的蓄能。也因此在相同豆溫條件下，不同的風溫也將導致烘焙過程的升溫不同。較高的風溫則代表鍋爐能量充足，如果只留意豆溫而入鍋進行烘焙，既使在相同的火力下操作也會呈現不同的結果。所以在入鍋烘焙前，烘焙師不只要觀察豆溫探針的溫度，更要留意風溫探針的溫度。

圖 5-11 Giesen 烘焙機的風溫探針

　　也由於風溫探針在烘焙過程中大多不會接觸到咖啡豆，所以將風溫視為「鍋爐內能量狀態」的指標也是很適合的。隨著豆子在不同階段時將能量導入內部的能力不同，掌握風溫的變化即可掌握對咖啡豆的能量供應。如 Probat 樣品機、IKAWA 等一些小型樣品烘焙機，這些烘焙機上的溫度探針並不會直接接觸到豆子，所偵測到

的數據也就等於是「風溫」。因此,在烘焙過程中觀察豆子實際的顏色、氣味、體積等變化來掌握豆子的真實溫度(並非探針溫度)以及豆子的導熱能力,同時藉由風溫的變化來掌握能量的供應。烘焙時,不論是依據豆溫抑或是風溫數據來操作,都要對比豆子的實際狀況來應對,如此才是烘焙上萬變不離其宗的法則。

再者,有些烘焙機的入豆槽閘口密封性不佳,或者操作者刻意將入豆閘口打開,也會直接影響風溫(如圖 5-12)。以 2019 年 1 月在義大利 Rimini 舉辦的 WCRC 世界烘焙大賽為例,瑞典冠軍選手 Joaana 就因為閘門卡住豆子,出現了這樣的狀況。而筆者在 2016 年的 WCRC 世界烘焙大賽現場,也見識到俄羅斯選手刻意使用夾具夾住入豆閘的手法。

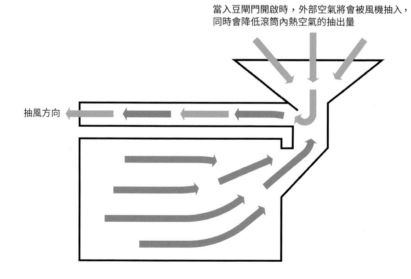

當入豆閘門開啟時,外部空氣將會被風機抽入,同時會降低滾筒內熱空氣的抽出量

抽風方向

圖 5-12　閘口開啟導致外部空氣抽入

這樣的操作方式在十多年前也是玩家間流傳的祕技,目的是藉由打開入豆閘口後,讓更多外部的空氣由閘口抽至風扇,進而減少對鍋爐內空氣流動產生的負壓以及影響鍋爐內的能量。但是筆者要提醒大家,任何手法背後應該有相應的理由甚至理論,最好先理解其用意,再進行模仿,避免東施效顰之窘。

圖 5-13　Beanbon 風力設定技巧的影片連結

烘焙空間的環境溫度

過去在季節交替時總是會發現,為何相同的烘焙曲線、操作參數,烘焙相同的豆子,結果卻是天差地遠?其實,原因就出在烘焙環境的變化。

烘焙時周遭環境的溫度狀態則稱為「烘焙空間環境溫度」。由於烘焙的過程中需要加熱大量的空氣,所以當下的周遭環境溫度以及濕度狀況,甚至是氣壓等都會對烘焙時的火力、風門操作產生影響。而周遭環境空氣流動的狀況,當然也會對咖啡烘焙有著巨大影響。

在戶外等開放空間烘焙相比於室內而言,所受到的影響也更大。試想,烘焙時分別身處在 18 度與 35 度的環境下,不同的空氣溫度下加熱到指定溫度所需的能量肯定不同,這也是環境溫度所帶來的差異!更何況烘焙機本身就是非常易導熱的金屬所製成,與環

境空氣的溫差越大，機器的整體蓄能更容易受影響。因此，為了維持烘焙的穩定性，以及降低各種變因對烘焙產生的影響，還是建議在較為穩定的環境下進行烘焙吧。

　　由於大部分五公斤以下的烘焙機在將空氣引入加熱之前，並未將空氣流入的路線進行合理的規劃，讓空氣先進行「均勻」受熱後再進入烘焙滾筒。或是藉由後燃機將排氣中的煙塵燃燒，接著再過濾後循環使用（例如 Loring、IMF）。這也將導致在風速與風門增加時，將引入更多冷空氣，這點不可不察。

　　另外，烘焙環境內的空氣溫度、濕度不同的情況下，所需要的能量供應也不同，否則滾筒內的升溫速度以及壓力變化將會不同。環境內氣壓變化大的時候，將影響空氣內氧氣的含量以及沸點，需要適當的調整風門進行調整。

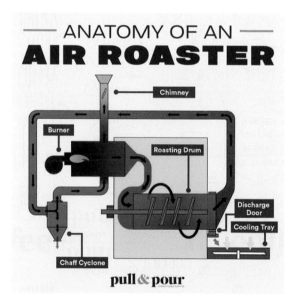

圖 5-14　IMF 熱風循環示意（上海世咖提供）

圖 5-15　Vortex 混風系統，利用電子調節閥將周邊空氣混入系統熱空氣中，達到調
　　　　整氣流溫度的目的（上海世咖提供）

圖 5-16　義大利 IMF60 公斤烘焙機（上海世咖提供）

圖 5-17　Diedrich 烘焙機包覆滾筒
　　　　　的保溫麟片

圖 5-18　空氣由滾筒下方的氣孔流入
　　　　　加熱區，經過滾筒兩側的麟
　　　　　片時可被其加熱保溫。（照
　　　　　片擷取自 Diedrich 官網）

所以筆者在進行烘焙工作之前，會先打開烘焙間的冷氣空調，將室溫保持在 25 度左右較為舒爽的溫度，並且保持空氣流通。接著將烘焙機風門開啟在安全風門的大小後，使用瓦斯壓力的 50%-60% 進行熱機，依照環境狀況做適度的調整。接著將熱機目標溫度設定在高於入豆溫度，進行熱機約半個小時以上。切記，如果需要使用電風扇時，不要將電風扇直吹向烘焙機，應該讓電風扇加強室內空氣對流即可。特別要注意烘焙室內外的氣壓與濕度差異，盡量在暖機後將室內濕度穩定在 50% 至 60% 左右。若能將環境狀況穩定住，烘焙所產生的差異也將減少許多。

以筆者的工作狀況來說，同樣是冬季室內環境溫度大約在 20 度左右。而上海工廠溫度則較低，約在 6 度以下，甚至是 0 度。這種狀況下熱機所使用的火力與時間就要適當調整。

醣類的褐化反應—梅納反應

梅納反應在日常生活中可以說無處不在，從生活周邊的烤麵包、烤肉、醬油製作、牛奶殺菌……等都可以發現其身影，也是讓食物增添香氣與美味的重要因素，然而此反應極為複雜，使得至今仍然無法掌握其全貌。對咖啡烘焙來說，梅納反應也是烘焙師們視為咖啡烘焙過程中非常重要的環節。梅納反應既然對咖啡烘焙的影響那麼重要，就要瞭解其特性。什麼樣的條件進行反應？什麼條件下會加速反應？並且會產生什麼樣的結果？在烘焙過程中以及烘焙後又會有什麼樣的表現？

梅納反應是一種由還原醣與胺基酸一起受熱後所進行的反應

（圖 5-19），通常在 100℃以下的時候反應是較弱的，而溫度高於
100℃時反應速率明顯地加快，隨著溫度的升高後在 190℃下則越來
越活躍，接著在溫度高過 190℃時則逐漸加深焦苦味。而果糖可以
引起七倍多的反應效率。再者，梅納反應的過程中，鹼性的環境比
較容易生成吡嗪類。

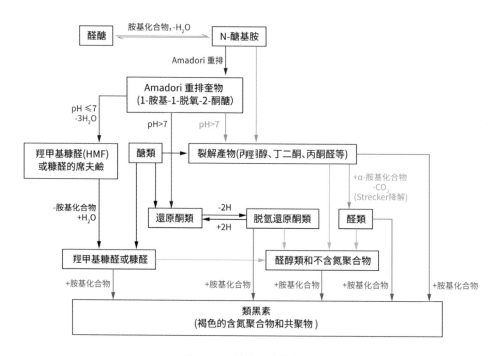

圖 5-19　梅納反應流程圖

　　吡嗪類可分為烷基吡嗪以及甲氧基吡嗪兩大類：其中烷基吡
嗪的香氣與其他食物較為類似。是形成烤魚、烤肉、烤蔬菜時的焦
味，以及巧克力、可可豆的香氣，與烘焙過的堅果香味。也與味噌

香、醬油香、腐葉爛泥土所帶來的土味有關。吡嗪類的香氣類似生豆存放在高溫潮濕環境下,與烘焙過程中半熟狀態下所產生的蒸豆味類似。

除了吡嗪,梅納反應還會產生許多香氣成分,其中對咖啡帶來特殊影響的,就是醛類與酮類等。這兩種香氣在日常生活中隨處可見,各種水果、可可、麥芽與乳製品以及咖啡當中常常可以找到共同的香氣。這些香氣大多是 3- 甲基丁醛等短鏈醛,以及丁二酮等二酮類物質,當這些化合物單獨存在時,短鏈醛會帶出帶酸感的臭汗味,而二酮類則會帶出肥肉的體臭味。

表 5-1　梅納反應代表性香氣

梅納反應生成代表性香氣	
吡嗪類	鮮炒味、烘烤味、烤麵包、烘烤穀物
烷基吡嗪	堅果、烘烤香
烷基吡啶	草味、苦味、焦味
乙醯吡啶	烤餅乾
吡咯	穀物
呋喃、呋喃酮、吡喃酮	壘甜味、焦味、刺激辛辣味、焦糖香
氧唑	草味、堅果、甜味
噻吩	肉味

資料來源：Van Boekel, 2006. *Biotechnol Advances*, 24, 230-233.

溫度、pH 值、時間對梅納反應的影響

1. 相同條件下,pH<7.0 時反應較不明顯,pH>7.0 時明顯加快。高於 pH>11 時,pH 值對梅納反應的影響減弱。

2. 相同條件下，加熱時間越長，梅納反應的顏色越深。溫度約高反應越快，低於 80 度時顏色反應不明顯。溫度每升高 10 度速率增加 2-3 倍，高於 100 度時反應明顯加快。

3. 就反應活性而言（以離氨酸為例），木糖 > 半乳糖 > 葡萄糖 > 果糖，而蔗糖沒有顯示反應活性。

含硫胺基酸與醣類

前述談到風味輪的乾餾群組時曾經提過，木質素與纖維素等多醣類在高溫下受熱後將產生的阿拉伯半乳聚糖、半胱胺酸以及愈創木酚等物質，而這當中的半胱胺酸即為含硫胺基酸的其中一種。大部分的含硫胺基酸分為兩種，分別為半胱胺酸（Cysteine），以及甲硫胺酸（Methionine）兩種。而含硫胺基酸與醣類一起加熱時會產生糠硫醇 FFT 的成分，糠硫醇 FFT 會產生類似咖啡的香氣，也是香料業界拿來合成咖啡香氣的材料。咖啡生豆中的含硫胺基酸的比例非常高，並且以咖啡胜肽的蛋白質形式存在於咖啡生豆內，這種類型的蛋白質通常會對昆蟲的消化道釋出毒性，咖啡胜肽或許也是避免咖啡種子遭受昆蟲侵蝕的武器之一。

梅納反應與香氣

如圖 5-20 所示，咖啡生豆內的胺基酸種類約為 18 種，而這 18 種胺基酸與葡萄糖、果糖進行梅納反應後分別會產生吡嗪、吡啶、吡咯等香氣物質（表 5-2），接著隨著溫度上升進而產生帶褐色且具

有苦味、厚實感、雜澀感的類黑素（梅納丁）。由於梅納反應產生
的香氣極為複雜，並且各種胺基酸皆會與還原醣進行反應，實際上
我們並無法在烘焙過程中控制著反應的進行，當然亦無法只產生出
我們想要的焦糖香氣，或是避免產生臭味、焦味、肉味、烤咖啡味
等我們不希望出現的香氣。也因此在實務上，梅納反應多半會同時
呈現焦味、烤味、煙味、鮮味以及較低甜感的綜合風味呈現。

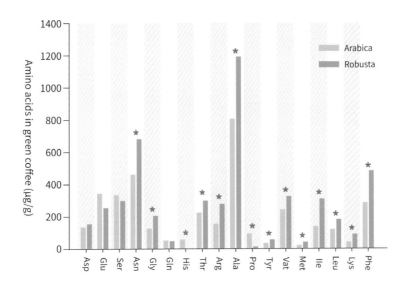

圖 5-20　阿拉比卡種與羅布斯塔種咖啡豆內胺基酸含量

資料來源：Murkovic, M., & Derler, K. (2006). *Analysis of amino acids
and carbohydrates in green coffee*. Journal of Biochemical and
Biophysical Methods, 69, 25-32.

表 5-2 不同胺基酸與醣類所產生的香氣

含量排名	簡稱	名稱	作用的醣類	溫度	產生香氣
1	Ala	丙胺酸	葡萄糖	100 至 220	焦糖味
2	Asn	天門冬醯酸	葡萄糖		堅果味
少量	Gln	麩醯胺酸	葡萄糖	100 至 220	堅果味、巧克力味
3	Gln	穀胺酸	葡萄糖	100 至 220	鮮味
4	Ser	絲胺酸	葡萄糖	100 至 220	巧克力味
5	Phe	苯丙胺酸	葡萄糖	100 至 140	巧克力味
			果糖		臭味
6	Val	纈胺酸	葡萄糖	100	黑麥麵包味
7	Try	酪胺酸	葡萄糖	100 至 220	巧克力味
9	Asp	天門冬胺酸			
10	Gly	甘胺酸	葡萄糖		炙燒脆糖味
			糖		牛肉湯味
8	Arg	精胺酸	葡萄糖	100	爆米花味
9	Lle	異白胺酸	葡萄糖	100	芹菜味
烘焙產生	Cys	半胱胺酸	葡萄糖	100 至 140	肉味、牛肉味
			維他命 C	140	肉味、牛肉味
11	Pro	脯胺酸	葡萄糖	100 至 140	堅果味
			葡萄糖	180	麵包、烘烤味
少量	Leu	白胺酸	葡萄糖	100	巧克力味
6	Thr	蘇胺酸	葡萄糖	100	巧克力味
			維他命 C	140	雞肉味
少量	Met	白硫胺酸	葡萄糖	100 至 140	熟馬鈴薯味
12	His	組胺酸			

只有非親水性的胺基酸才能產生香氣（Food flavor Technology）

然而咖啡生豆中的還原醣（葡萄糖、果糖）總量僅占生豆內成分的 0.1% 左右。乍看之下，要在烘焙過程中進行梅納反應似乎不太容易，唯有在中深度烘焙時的高溫分解纖維素、木質素一途。但是檢視烘焙過程中各種物質在各個溫度段所進行的變化即可發現，事情並沒有那麼單純。由於蔗糖是由一個葡萄糖分子和通過糖苷鍵連接果糖分子組成的雙醣，當咖啡豆內水分活躍時亦可將蔗糖水解為葡萄糖與果糖。如果水解的幅度較大時，不僅接下來在烘焙過程中無法進行蔗糖焦糖化，果糖也將引起七倍速率的梅納反應。這部分將在後續「烘焙過程的四個階段」的章節內我們還會深入討論。

　　所以在以淺烘焙為目標的情況下，在生豆的選擇上盡量選擇高品質，且海拔較高的豆子進行烘焙，如此一來較多的蔗糖含量以及酵素類風味也才能展現出更多的迷人風味。

　　而梅納反應的過程中亦會產生水分，進而對咖啡豆體的膨脹以及風味上產生影響，烘焙上勢必要提高能量來因應。但是由於烘焙過程中豆體內外在不同階段的導熱狀況會有所變化，提高能量的供應也未必能快速將豆內新生的水分去除。因此在以淺烘焙為目標的情況下，烘焙師應該盡量避免梅納反應的進行。

　　如前面所談到的，在鹼性的環境下梅納反應比較容易生成吡嗪類的鮮味、烤味香氣。雖然咖啡豆在烘焙的過程是處於酸性的條件下進行，但是也會因為豆內成分含量不同，而增加吡嗪類產生的可能性。實務上來說，不當的烘焙操作也會讓咖啡豆產生醬油、味噌等香氣。

　　討論至此，我們就會瞭解到處於低海拔的種植環境下，並且日

夜溫差較小的咖啡豆會因為蔗糖含量較少，只能靠梅納反應來增添香氣，也使得這類的咖啡將呈現出烤堅果、焦味、煙味等風味。並且與高海拔咖啡豆相比，豆表的上色總是比較晚，並且需要在較高的溫度才會上色也正是因為蔗糖含量較少的緣故。

咖啡的風味分別來自於原生風味、處理法風味以及烘焙風味這三種。在精品咖啡發展之前，我們所品嘗的咖啡多以烘焙風味的煙燻、焦烤味為主，這樣的香氣與渾厚感在與奶精、方糖的搭配後逐漸成為提高生活品味的象徵，也是我們印象中咖啡應該有的風味 - 咖啡味。這其中就以吡嗪、吡啶、吡咯、糠硫醇等梅納反應所帶來的風味為主。在生豆的種植、採摘、處理等過程尚未精緻化的時代背景下，咖啡的風味更主要的是依賴烘焙過程中的梅納反應，畢竟在較淺的烘焙度下所呈現出的是混雜著草本、麥子、花生等香氣，而不似現在精品咖啡所追求的花果香原生風味，也因此在烘焙上習慣採用較深的烘焙度。

瞭解食材、掌握食材是廚師的基本功夫，那麼掌握咖啡豆的特性，並且將咖啡豆適才適用的呈現則是烘焙師的工作。與高品質、高海拔咖啡豆相比，低海拔咖啡豆欠缺酵素類的花果香氣，並且蔗糖含量也相對較低。受限於咖啡豆內物質含量的影響烘焙上較難進行焦糖化反應，因此較難產生呋喃類具甜感的香氣，比較不適合於較淺的烘焙度。而低海拔咖啡豆的使用上就應該以中深烘焙為目標，藉由纖維素、木質素的分解、聚合的梅納反應適當的表現出傳統的「咖啡味」。

醣類與焦糖反應

　　醣類又稱為碳水化合物，分為單醣、雙醣與多醣。單醣為結構最簡單的醣類，能溶於水並且帶有甜味，包含葡萄糖、果糖、甘露糖、阿拉伯糖和半乳糖等，在咖啡生豆內約占 0.1% 左右。而雙醣則是由兩個單醣分子脫水而成，包含了蔗糖、乳糖、麥芽糖等。其中蔗糖即由葡萄糖與果糖所構成，不屬於還原醣，阿拉比卡豆的蔗糖含量占豆重的 6% 至 9%，是羅布斯塔 3% 至 5% 的兩倍。咖啡的糖分主要以蔗糖的形式儲存，果子成熟後，蔗糖含量在整個生長其中處於最高峰的階段。蔗糖的含量也與咖啡的風味呈正相關。蔗糖含量越高，咖啡越好喝。而缺陷豆、Quaker 豆的蔗糖含量則較低，也因此進行焦糖化的機率較小，反之進行梅納反應的機率較高，所以大多呈現不帶甜感的炒花生、枯稻草等香氣。多醣類則是由十個以上單醣分子聚合而成，是龐大的醣類物質，不溶於水，無甜味，是咖啡豆木質纖維素的主要成分。

　　糖類在沒有胺基化合物的情況下加熱，當加熱溫度超過它的熔點時，即發生脫水或降解，進一步縮合生成黏稠狀的黑褐色產物。這樣的過程稱之為焦糖化褐變也就是俗稱的焦糖化。焦糖化反應，在酸性或鹼性情況下都能進行。但是鹼性條件下的反應速率高於酸性條件。例如 pH8.0 時的反應速度是 pH5.9 時的 10 倍。

蔗糖焦糖化

　　蔗糖加熱後，溫度達到 160 度至 200 度時（又有一說 170 至

205 度），經過起泡，蔗糖發生水解和脫水作用。首先水解成葡萄糖與果糖，接著又迅速脫水生成異蔗糖。異蔗糖又進一步脫水生成異蔗糖苷，這是蔗糖焦糖化的最初階段。

異蔗糖苷生成後，經過持續加熱脫水，則生成焦糖苷，焦糖苷熔點為 138 度，可溶於水與乙醇，味苦。

焦糖苷生成後，經過持續加熱，則進一步脫水形成焦糖烯。焦糖烯熔點為 154 度，可溶於水，若再持續加熱，則生成複雜的高分子深色難溶物 —— 焦糖素。

蔗糖受熱後將分解產生脂肪酸（醋酸、乳酸、甲酸、甘醇酸）以及二氧化碳，脂肪酸含量隨蔗糖分解而增加，揮發性的脂肪酸也隨溫度的升高而揮發，造成濃度衰減（圖 5-21）。而二氧化碳的增加有助於一爆時豆體的膨脹，對研磨與萃取有著直接的影響。

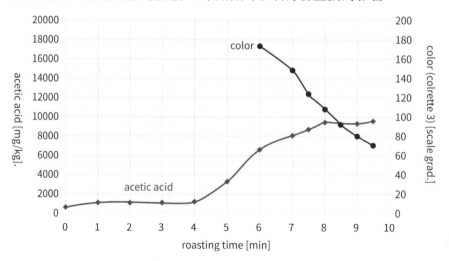

圖 5-21　烘焙過程中醋酸濃度與烘焙度的變化

果糖與葡萄糖等單醣在酸性條件下加熱、脫水,主要會形成糖醛(Furfural)又稱呋喃甲醛。純糠醛是一種具有杏仁香氣的無色油狀液體,暴露於空氣中會快速變成黃色。而糖醛經過與胺類物質(胺基酸)的反應之後,即可生成深褐色的色素物質。

　　焦糖化的過程中亦會產生如蜂蜜、甜奶油、烤蘋果、糖漿等呋喃類帶有甜感的香氣,這些風味不只能增添香氣的層次感,以及觸感上的厚實感,亦能與味覺上的酸甜感搭配,進而增加咖啡的甜感。隨著溫度與時間的延伸,焦糖化產生具有苦味的黑色素含量也越來越多,味覺的感受上也會越來越苦。當反應的原材料蔗糖都裂解脫水完畢後,焦糖化即停止反應。

▌咖啡焦糖化的重點

1. 原材料為果糖、葡萄糖、蔗糖,沒有原材料則無法進行。

2. 焦糖化需要達到熔解溫度以及需要足夠的時間才能進行。果糖焦糖化 110 度即開始進行,葡萄糖焦糖化約在 145 度。而蔗糖則為 160 度以上。

3. 果糖、葡萄糖焦糖化產生具有杏仁香氣的糖醛,接著在與胺類物質生成呋喃甲醛。

4. 蔗糖在焦糖化的過程中脫水產生呋喃類帶有甜感的香氣、醋酸、乳酸、甲酸、甘醇酸、二氧化碳以及帶苦味與醇厚感的黑色素。

5. 咖啡豆內的蔗糖含量受後處理的影響並不大,但是自然乾燥處理後的咖啡裡果糖含量通常會較水洗處理過的咖啡高(表 5-3)。

表 5-3　商業咖啡豆在不同處理過程下的蔗糖、果糖、葡萄糖含量%分析

品種 / 處理	樣品	含糖量（% DM）		
		蔗糖	果糖	葡萄糖
阿拉比卡 / 自然乾燥	衣索比亞 1	8.244	0.165	0.044
	巴西 1	9.252	0.140	0.043
	巴西 2	8.703	0.154	0.042
	衣索比亞 2	6.301	0.008	0.005
	巴西 3	7.605	0.015	0.006
	墨西哥	9.643	0.052	0.032
	宏都拉斯	6.923	0.050	0.028
阿拉比卡 / 水洗	肯亞	9.308	0.058	0.028
	秘魯	8.209	0.050	0.022
	薩爾瓦多	9.890	0.047	0.021
	喀麥隆	5.870	0.036	0.013
	瓜地馬拉	8.514	0.085	0.045
	哥倫比亞 1	8.763	0.059	0.042
	哥倫比亞 2	8.069	0.009	0.005
	哥倫比亞 3	7.155	0.195	0.005
羅布斯塔 / 自然乾燥	印尼	4.846	0.183	0.057
	象牙海岸 （科特迪瓦）	3.267	0.182	0.027
	烏干達	4.554	0.108	0.030
	越南	3.149	0.157	0.096

　　在瞭解褐化反應中的焦糖化與梅納反應之後，我們大概可以依照溫度與各自的反應溫度區段放在一起對比。在正常的情況下將咖啡豆進行烘焙時，隨著溫度上升，依序應該是果糖焦糖化、葡萄糖焦糖化、蔗糖焦糖化，接著才是纖維素木質素分解後的一系列梅納

反應（如圖 5-22）。

　　烘焙過程失當的情形下，咖啡豆內的水分將會更加活躍，進而造成蔗糖大量進行水解，接下來會受溫度的影響而使得梅納反應加速進行，進而造成後續烘焙過程裡醣類的焦糖化程度減弱。因此在與正常的烘焙過程相比，相同溫度下所觀察到的顏色、氣味等變化將會完全不同，最後的烘焙結果也會呈現截然不同的面貌。所以在烘焙過程當中，我們可以隨著溫度的上升來觀察到豆子由淺黃轉變到黃色，接著顏色加深到達橘褐色的焦糖化溫度。如果烘焙不當的情況下，也會有相應的變化產生。

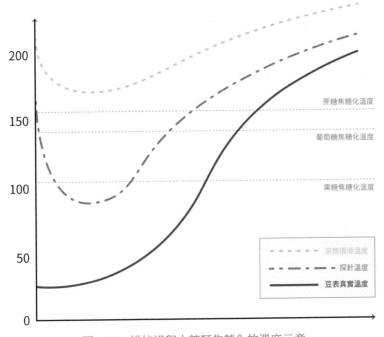

圖 5-22　烘焙過程中糖類焦糖化的溫度示意

圖 5-23　咖啡豆表到達
果糖焦糖化

圖 5-24　豆表軟化的
T0 狀態

圖 5-25　豆表到達蔗糖
焦糖化的豆子

　　由於全息烘焙法講究觀察，所以在烘焙過程當中留意豆子顏色、氣味的變化是很重要的。烘焙中咖啡豆的顏色與氣味是與豆子真實溫度對應的，藉由觀察豆子的變化，並且對應機器上的豆溫、風溫，即可掌握能量的供應是否恰當。所以在實務上，我們會在烘焙的每個階段裡利用剪刀或是切藥器將取出的咖啡豆剖開，藉由觀察咖啡豆表面與剖面的顏色、氣味來掌握豆子內外的烘焙節奏。避免太執著於機器的探針溫度而忽略咖啡豆實際的變化與進度才是。

　　精品咖啡講究地域之味，也就是在獨特的氣候、地形以及種植條件下，接著經過精緻處理過程所呈現的的迷人香氣。而適當地進行蔗糖焦糖化不只可以提高咖啡熟豆的膨脹度，也有利於咖啡的萃取。原生風味中的萜烯類（柑橘、檸檬等香氣）物質多為脂溶性，更有賴於焦糖化來高萃取效率。所以在烘焙完畢後的測試環節，更要記錄下香氣的屬性。例如是清晰的焦糖香？還是微帶苦感的焦糖香？這些細微的差異都將直接反映在烘焙操作上。

關於玻璃轉化溫度（Glass Transition Temperature）

　　在材料學裡面高分子物質在低溫狀態下時，由於分子鏈結的運動均被限制住所以呈現出固體狀態，這時候我們將這樣的物理狀態稱之為「玻璃狀態」。但是隨著物質受熱後溫度逐漸上升超過某特定溫度時，物質內分子的鏈結逐漸開始運動，讓原本堅硬的固體物質形成橡膠般的狀態，此時的狀態稱之為「橡膠狀態」，而這個改變物質物理狀態的特定溫度即是稱為「玻璃轉化溫度」(Tg)。

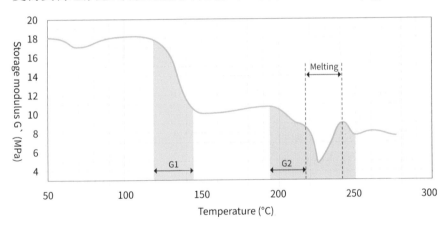

圖 5-26　科學家使用 DMTA 固體分析儀 RSA II

備註：

⊙ 科學家使用 DMTA 固體分析儀 RSA II。以 5℃ /min 的加熱速率將

> 咖啡豆切片樣品從 30℃線性加熱至 250℃。樣品在 130℃至 170℃
> 之間的快速從玻璃態轉變為橡膠態，顯示咖啡豆的質地正在軟化。
> 接著在 200℃至 230℃之間咖啡豆質地再次變硬。

　　科學家早於 1930 年代即發現食品、糧食等皆存在玻璃轉化溫度的現象。咖啡生豆中的纖維素結合了少量的水分，大多呈現出無結晶（Amorphous）以及半結晶（Semi-Crystalline）的狀態。也因此在烘焙過程中，咖啡豆會因為受熱而逐漸變軟，讓豆體從堅硬般的「玻璃態」轉變成如橡膠一般具有彈性的「橡膠態」的物理變化。同時豆表的顏色以及豆子的體積也逐漸開始產生變化，並且釋放各種氣味。隨著受熱後豆子的溫度逐漸升高，在高溫的狀態下咖啡豆的質地也逐漸變硬。這樣的一個轉變過程在材料學上即稱之為「玻璃轉換現象」。

　　咖啡豆的「玻璃轉化溫度」將會隨著水分而改變，在烘焙過程中，咖啡豆物理狀態會首先從堅硬的「玻璃態」漸漸轉變成柔軟的「橡膠態」。但是實務上來說，不同含水率的咖啡豆在進入到「橡膠態」時的狀態卻是有別。例如含水率較高且密度偏低的豆子，在進入到「橡膠態」後將會非常柔軟，可以隨意擠壓撕裂。而含水率較低，並且密度較高的豆子在進入「橡膠態」後，卻如橡膠皮一般有韌性。

　　咖啡豆在進入到「橡膠態」的時候，內部的水分會因為受熱而逐漸開始活躍，進而使得豆體膨脹起來。緊接著在膨脹後內部的水分也因為受熱而逐漸流失，而當水分流失到一定程度後，豆子會又再轉變成堅硬的「玻璃態」。

咖啡豆的「玻璃轉化溫度」隨豆子的含水率而不同，在烘焙上極具參考價值。含水率較高的豆子的玻璃轉化溫度較低，也因此在烘焙過程中會比較早進入到「橡膠態」。相反的，含水率較低的豆子其玻璃轉化溫度較高，烘焙上也會相對遲一點才進入到「橡膠態」。

　　而咖啡豆畢竟是體狀物，能量從咖啡豆表面傳遞到豆內仍然需要時間，所以筆者在實務上為了溝通與教學方便，會將烘焙開始不久後，豆體的「表面」開始變柔軟並且由「玻璃態」進入到「橡膠態」的狀態稱之為「T0」。而豆體繼續受熱後，咖啡豆「內部也完全變軟」進入到橡膠態並且呈現相對較柔軟的狀態時，我們將其稱之為「T1」。當咖啡豆進入到 T1 的階段時，內部的水分會趨向於活躍，受鍋爐內環境能量影響較大，也更容易將能量導入豆內，咖啡豆內部烘焙度也逐漸開始上升。接著待大部分水分脫去後，豆子表面會開始恢復到相比「T1」較為堅硬的玻璃態，接下來豆表漸漸開始緊縮抽皺並且出現如同石頭般的紋路的狀態，這樣的狀態我們將其稱之為「T2 大理石紋」。

圖 5-27　豆表軟化的 T0 狀態

圖 5-28　整顆豆子都軟化，可以輕易撕開的 T1 狀態

　　實務上來說，玻璃轉換溫度 T0 受咖啡豆含水率影響，而咖啡豆的大小與密度則影響了 T0 到 T1 所需要的時間（圖 5-11 所示）。這也是為何烘焙作業之前必須要先測量咖啡豆的含水率、密度與目數等數據的原因。

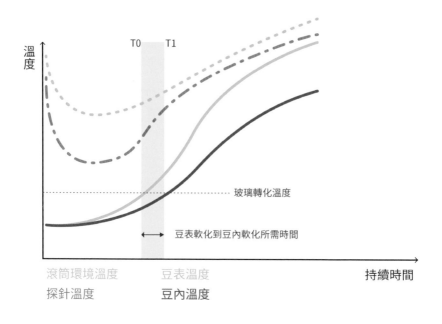

圖 5-29　密度、大小與 T0、T1 之關係

　　當咖啡豆處在玻璃態的狀況下時，導熱的效果遠較於橡膠態來得差，而橡膠態下的水分也較為活躍。烘焙師如果能透過經驗進行掌握，控制豆子各個階段水分脫去的狀況以及化學反應的節奏，則將可以控制出鍋時的香氣廣度與集中度，以及咖啡豆體的膨脹度。如此一來也避免了過去依靠拉長發展期等手法對味覺、觸覺感受所造成的影響。而膨脹度更影響了咖啡熟豆的結構緊密程度，也

因此會影響咖啡的萃取，養豆以及儲存方式一連串問題。所以由此看來，掌握烘焙過程中的玻璃轉化溫度則影響了最終的烘焙品質與風味。

關於入豆溫、回溫點、鍋爐內環境溫度、玻璃轉化溫度

在討論烘焙過程的細節之前首先要理解的是，不管你的烘焙機上溫度計顯示的溫度有多高，當咖啡豆進入滾筒時，豆子的真實溫度絕對是室溫！

所謂的「鍋爐內環境溫度」則是在不接觸到咖啡豆的情況下，鍋爐內的空氣溫度與金屬輻射熱等等的能量總和，所代表的意義就是當下鍋爐內的能量狀況，抑或是稱為「鍋爐內能量總和」。有興趣的朋友們可以在鍋爐上方比較不易接觸到豆子與葉片的位置裝個溫度探針，藉以觀察鍋爐內的環境溫度。另外，先前提到的風溫當然也可以視為環境溫度的一種，但是閘門的操作也會對風溫產生影響，這點不可不察。

在咖啡豆入鍋烘焙之前，由於豆溫與風溫兩個探針並未接觸到咖啡豆，所以採集到的溫度數據當然是來自於空氣以及金屬的輻射熱，所以入鍋前觀察豆溫與風溫數據也是掌握鍋爐內能量狀態的一個好方法。既使在相同的探針豆溫下入豆時，環境溫度或是風溫不同的情況即是代表鍋爐內的能量狀況不同，烘焙師就必須要依據豆子的變化與升溫狀況作相應的調整。再者，所有的溫度顯示都只是盡量提供烘焙師一個相對穩定的參考數據，所以在觀察時要留意的

是相對值而不是絕對值。

在烘焙初始的階段來說，除非鍋爐內的能量非常充足，否則很難在一分鐘內迅速將咖啡豆從室溫提升到八九十度，甚至一百多度。也因此烘焙機上面的豆溫探針所測到的溫度，實際上是空氣、金屬的輻射熱與咖啡豆的溫度總和。而入豆前，鍋爐內的環境溫度高低，則代表鍋爐內的能量總合，也將會直接影響接下來入豆後的回溫點高低，以及豆子實際的升溫速度。

在先前我們反覆提到，烘焙過程當中咖啡豆加熱到某個溫度時，會由一開始堅硬的玻璃態進而變成柔軟並且膨脹的橡膠態。接著豆體會開始變小、起皺，直到一次爆裂後再次膨脹。而這種由硬變軟的現象，在物理上則稱之為「玻璃轉換溫度」。

前者當豆子變軟後，內部的水分也開始活躍起來，此時即是將能量傳遞到豆體內部的絕佳時機。而後者當豆體開始縮小，甚至豆表開始起皺的時候，經由測試數據得知，此時豆子內外的水分已經大量失去，而豆表的水分含量亦會低於豆內，因此在這個時候豆表要將所接收到的熱能要傳導到豆內其實並不容易。所以此時施予豆子再多的能量也無法讓豆子內部的烘焙度快速加深，而這些也就造成烘焙的困難以及玄妙的所在。

由於烘焙初始階段裡，豆子本身是處在較不易導熱的玻璃態。緊接著烘焙機鍋爐內的能量將對咖啡豆進行加熱，將咖啡豆從室溫的狀態逐漸加熱升溫。因此豆溫探針所測到的回溫點，也僅是鍋爐內的空氣、輻射熱、金屬、咖啡豆等的能量達成平衡的溫度而已。如果烘焙時的回溫點較高，則表示當下鍋爐內來自空氣、金屬、豆

子等等的能量總和較高，亦代表環境溫度較高。相對的，這樣的狀
況下能提供給咖啡豆的能量也會比較多。但是探針形式不同、長度
不同以及放置的位置不同，所測得的數據也不同。所以溫度探針的
數據僅提供參考而已。烘焙師還是要將注意力放在豆子本身的變化
上才是正確的。

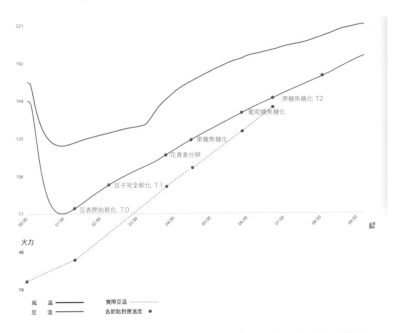

圖 5-30　烘焙過程中各個觀察點對應的探針溫度與實際溫度差異

　　較高的入豆溫，意味著會有較高的環境溫度、回溫點以及升溫
速率，鍋爐內的整體能量也較高。相反的，較低的入豆溫則會有較
低的回溫點以及升溫速率。而基於烘焙初期階段豆子本身的導熱能
力較差的因素影響，此時需要對咖啡豆施以相對較為溫和的環境溫

度以及能量供應，以避免大量的能量加熱豆子表面並讓豆表升溫速度較快，但是能量卻沒有足夠的時間傳遞到豆體內部，導致能量傳導到豆內的效率不佳等情況發生（如圖 5-31）。也因此才有關火入豆的「餘溫法」、低溫大火入豆的「暴力烘焙」，甚至是大風門高入豆溫的「滑翔法」……等五花八門的烘焙手法作為起手勢。但是回到能量的角度上來看，其實萬變不離其宗，各種手法也只是為了達到相同的目的而為之。

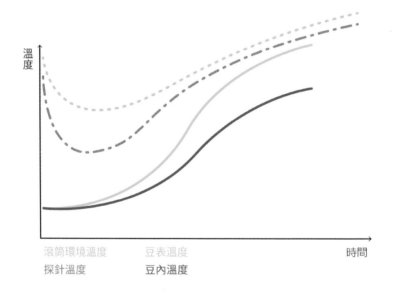

圖 5-31　烘焙初始階段較高的能量供應所造成的溫度變化

　　過高的入豆溫或是環境溫度將導致過高的回溫點，就豆子實際的升溫角度來看，這樣也就代表滾筒內的環境溫度將有大量的能量施予豆子，導致豆子表面快速升溫。由於在烘焙的初期階段，咖啡

豆內的大部分水分仍處於結晶狀態，使得豆子將能量從豆表傳導到豆內的能力較差。而豆表接觸大量的能量後，迅速將溫度提升到玻璃轉化溫度 T0，進而讓豆表迅速再從橡膠態轉變成玻璃態。如此狀況下，豆子表層在受熱的過程中經歷橡膠態的時間將較為短暫，因此鍋爐內能量傳遞到豆內的時間也隨之縮短，雖然 T0 很快到來，但是過高的能量會使豆子表面的水分快速脫去形成能量傳遞的屏障，豆表往豆內的能量傳導效率下降，整顆豆子都進入橡膠態的 T1 卻會推遲許久，拉長了 T0 到 T1 的時間。甚至發生整個豆子並未全部進入到橡膠態 T1 的情況，使得豆表與豆內的烘焙度差異較大。如此一來將最終造成豆表的烘焙度色值看起來應該足夠了，但是豆內卻是呈現發展不足的窘況。

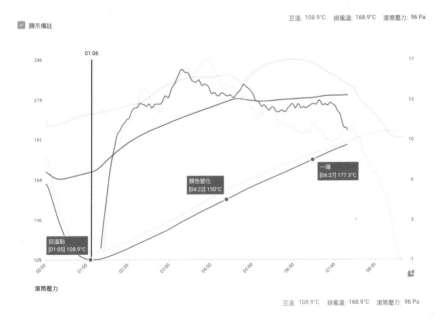

圖 5-32　過高的回溫點以及能量供應下，呈現出風溫快速上升趨勢與 ROR

　　在手法上則會使用高入豆溫搭配小火或是加大風門的方式來改善因應，從鍋爐內能量供應的角度來看，即是為了卸除過高的環境能量的處置手段。而為了避免豆表與豆內烘焙度差異過大的問題，則在烘焙過程當中勢必要降低鍋爐內對豆子的能量供應，並且延長烘焙時間，使得豆體內部能有足夠的時間發展並且跟上整體烘焙節奏。

　　相反的，過低的入豆溫也意味著較低的鍋爐環境溫度，機器本身的溫度也會較低。除了導致過低的回溫點外，鍋爐內能提供給豆子的能量也有限，豆子的升溫速度也將較為緩慢。此時熱源的能量會大幅度的供應給熱導效率較高的金屬部分，其次才是空氣與豆子。此外特別要注意的是，當豆子內外進入玻璃轉換溫度 T1 時，釋放出來的水分也可能吸收滾筒內的環境溫度，進而影響最終的風味表現（如圖 5-33 所示）。也因此在業界裡常見到使用較低的入豆溫搭配著較大的火力供應以及較小的風門搭配（甚至是關閉風門）的烘焙手法來因應。

　　如此看來，較低的入豆溫除了能施予豆子較為溫和的能量供應外，需要留意的即是當豆子升溫到達了玻璃轉化溫度時，並且在豆子內部的水分開始活躍的時候，鍋爐內是否能即時給予豆子足夠的能量供應？如果此時將火力開到最大的情況下卻仍然無法提供豆子足夠的能量，造成豆子的升溫以及化學變化無法跟上節奏，那就勢必要提高入豆溫來應對。而較低的入豆溫也意味著每鍋烘焙結束後需要較長的時間讓機器卸除能量，這會拉長烘焙時間與節奏。這樣的操作是否適合？則是見仁見智。

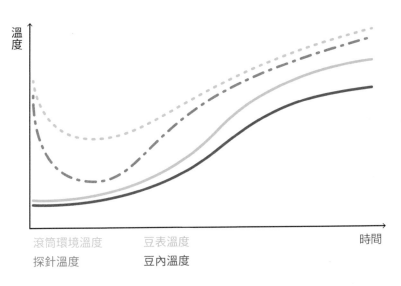

滾筒環境溫度　　豆表溫度
探針溫度　　　　豆內溫度

圖 5-33　烘焙初始階段較低的能量供應所造成的溫度變化

備註：

⊙ 空氣的能量不只來自於機器的加熱設備（例如火排、電熱管）所造成的熱對流，也包含機器與咖啡豆對空氣的能量傳遞。
⊙ 烘焙機的金屬滾筒也會與咖啡豆、空氣進行能量傳遞。

接下來，如何設定入豆溫與初始火力就成了值得深思的問題。由於入豆溫代表著空載下鍋爐內的能量總和，不同的烘焙載量在入

鍋後所需要的能量供應也不同。所以由入豆烘焙開始到回溫點與
T0、T1 的時間、溫度等節奏，來判斷入豆溫以及入豆時的火力設定
才是合理的思考方向。

　　在測得豆子的含水率之後，我們可以推測咖啡豆的玻璃轉化溫
度的高低，以及實際上對應的豆溫探針溫度。以實務經驗來看，含
水率高且密度中等的豆子其玻璃轉化溫度往往在四十多度左右開始
（豆子的實際溫度），而含水率偏低的豆子的玻璃轉化溫度甚至高達
七八十度左右。含水率較高的豆子因為水分含量較多，故其玻璃轉
化溫度較低。往往在入豆後的一分半、兩分鐘就完全軟化進入到橡
膠態 T1 了。所以我們可以取一支含水率高且密度中等的高海拔豆
子作為「基準豆」來進行烘焙，並且記錄下回溫點、豆表軟化的時
間與溫度點 T0、整顆豆子都完全軟化進入橡膠態的時間與溫度點
T1、豆表起皺並且呈現褐色大理石紋 T2 的時間與溫度點、一爆的
溫度點，藉由這些時間與溫度來調整火力與入豆溫。

　　如果入豆溫偏低的話，回溫點也會較低，如此一來升溫到 T0、
T1 的時間肯定會拉長，甚至要增加能量的供應才能持續升溫。反之
入豆溫偏高的話，升溫到 T0 的時間較為快速，但是整顆豆子進入
到橡膠態的 T1 現象則會表現的較不明顯，甚至用手觸摸豆子時會
有燙傷的灼熱感，這樣的現象對於一個玻璃轉化溫度 T1 較低的高
含水率豆子來說，則反映出環境能量過高的現象，烘焙師可以依此
作為調整入豆溫的依據。

　　以筆者多年實務經驗來說，使用高含水率中等密度的高海拔豆
進行烘焙的時候，從入豆開始到 T0 大約是 1:30 至 2:00 左右的時間，
而 T1 則約在 2:30 至 3:30 之間。如此一來，回溫點往往在 85 至 95

度之間，而電熱管加熱的烘焙機則需要較高的回溫點溫度。

　　如果 T0、T1 的時間晚於上述區間的話，其實也是屬於可以接受的範圍，由於此階段的時候豆子內部的化學反應較不活躍，只要能確保豆子進入橡膠態 T1 後並且在豆子內部水分開始活躍的時候，能適時適量的供應能量予豆子即可。所以上述的時間並不是絕對的準則，在烘焙的節奏上只要能讓豆子完全軟透到達 T1，並且火力的設定上仍有餘裕，如此即是可行的入豆溫與火力搭配。

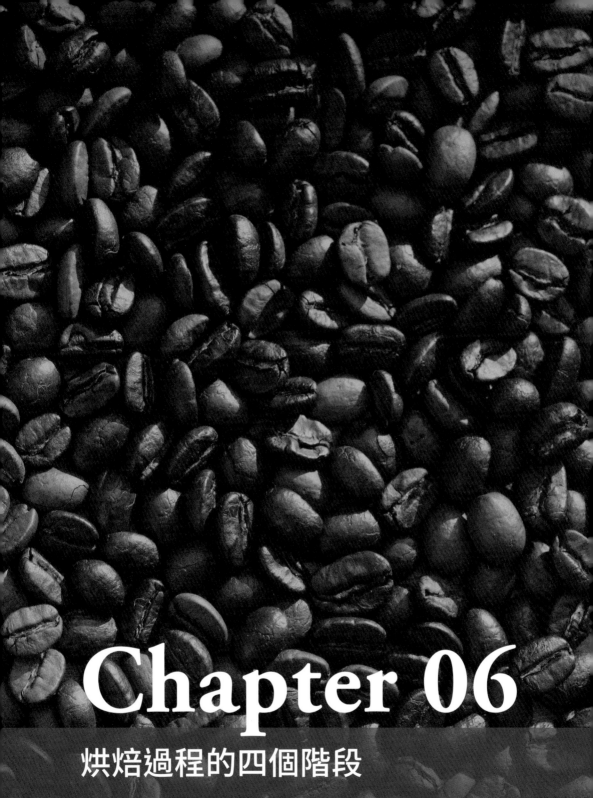

Chapter 06

烘焙過程的四個階段

　　過去我們對於烘焙過程的各個階段的界定，往往以整體烘焙時間以及一爆開始至出鍋的時間來進行討論。當然也有許多人會將咖啡豆顏色轉黃的時間列入參考，這的確也有其參考價值。但是問題在於每個人對於顏色判定標準不一樣，有的人認為淺黃就是轉黃點，又有人認為深黃才是轉黃點，加上豆子的處理法、含水率、密度等條件不同，對於轉黃的判斷也增加了複雜性。所以在實務上與教學上我習慣將烘焙過程區分成四個階段（圖 6-1），分別為：

¤ 第一階段：入豆到 T0-T1（玻璃態）。
¤ 第二階段：T1 至大理石紋（橡膠態）。
¤ 第三階段：大理石紋至一爆（豆表進入到玻璃態）。
¤ 第四階段：一爆至出鍋。

備註：

◉ 本篇所提到的溫度皆為咖啡豆的實際溫度，並非烘焙機探針所測得的溫度。

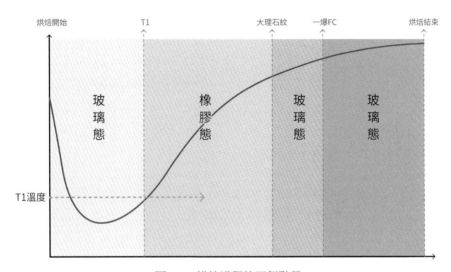

圖 6-1　烘焙過程的四個階段

第一階段：入豆到 T0、T1

　　這個階段也是整個烘焙過程當中最重要以及最關鍵的階段，由於當咖啡豆處於堅硬的玻璃態時，豆體的導熱效果是較差的，所以要施予較為溫和的能量供應，使豆表在升溫到達玻璃轉化溫度 T0 後，能夠有足夠的時間讓能量可以滲透到豆內，進而讓整顆豆子完全軟化進入到「橡膠態」的物理狀態 T1。在教學上我習慣稱 T0 到 T1 的階段為暖豆，這也是過去老前輩們所重視的均質（The Soak）或是「蒸焙」。

圖 6-2　烘焙過程中的觀察重點影片連結

　　如同前面章節裡面關於入豆溫與火力的設定所談到的，在這個階段裡我會建議在入豆時特別注意鍋爐內的能量狀態，避免使用過高的入豆溫以及火力進行烘焙。適當的入豆溫與火力的搭配有助於咖啡豆能溫和的從室溫狀態升溫到玻璃轉換溫度 T0 與 T1。如果升溫速度不足或是因為豆子水分活躍而導致升溫速度驟降，則只需要適度的補火應對即可。在相同烘焙載量的情況下，相對較低的起始火力供應也能讓後續能量的供給上更有餘裕。

　　所以烘焙前必須測量豆子的含水率與密度、大小目數，因為掌握了含水率也就掌握了玻璃轉化溫度 T0、T1 大約的溫度區間。掌握了豆子的密度與大小目數等資訊，也就能規劃 T0 至 T1 所需的時間。進而在火力與時間的搭配上能夠有較為準確的掌握。

　　如果遇到咖啡豆目數不集中的情況，筆者建議可以適當延長 T0 至 T1 的時間來應對。並且在這過程當中不斷的抽樣觀察狀況，確認大部分的豆子都達到 T1 之後再進行催火。如果遇到含水率高低不一致的豆子時則切勿急躁，也需要升溫直到含水率較低的豆子都進入到 T1 後再行加大能量供應，千萬不要因為預設的時間到了或者是溫度到了就急著催火。

　　以含水率高且密度低的豆子為例，由於玻璃轉化溫度較低，也因為豆體較軟的原因，導致豆子內外很容易就軟透進入到橡膠態，豆表軟化的 T0 與豆內完全軟化的 T1 間所花的時間也較短。此時取樣來觀察，豆子應該不至於燙手，並且豆子表面的色澤會逐漸變淡，豆體會膨脹並且質地變得相當柔軟並且容易撕開。當我們使用切藥器切開豆子來觀察剖面時，當能量完全透入豆內的情況下，豆子剖面豆心的部分應該是白色或者是淡淡的淺綠色。

而含水率高並且密度也高的豆子，雖然玻璃轉化溫度較低，但是由於豆體密度較高，能量透入豆內需要一定的時間，也就是說 T0 到 T1 所需要的時間相對較長，此時特別要留意鍋爐內能量的供應狀態，避免過多的能量供應使得升溫快速，並且在能量還未來得及透入豆內時，豆表就在大量的環境能量加熱下快速升溫。

　　所以當我們觀察到 T0 時，盡量讓機器探針的升溫速度保持和緩即可。此時的升溫速率可以藉由觀察環境溫度或是風溫來看出端倪，由於咖啡豆在這個階段的時候導熱能力尚且不足，所以當風溫或是環境溫度與機器豆溫之間的差距越大，以及升溫曲線的斜率越大，則代表能施予豆子的能量就越多，豆子的升溫速率就越大。

　　當豆子達到 T1 的狀態時，由於豆子內部的水分較為活躍並且導熱能力較好，此時豆體應該已經完全軟化並且發生膨脹的現象，水洗豆豆表所附著的銀皮也會開始出現剝落的現象。而軟化後的豆子與鍋爐壁碰撞的聲音亦與玻璃態時有著顯著的不同，這點在滾筒式的烘焙機上尤其明顯。由於此時水分開始活躍，所以在氣味上則會飄散出一股類似水煮草藥的味道，明顯的有別於烘焙前的生豆氣味。所以這個階段的觀察重點不只在於用取樣觀察豆子的體型、色澤的變化。風溫與環境溫度的升溫速率、取樣時銀皮是否脫落，以及豆子撞擊滾筒的聲音變化亦是留意的重點。

　　反之，含水率低的豆子由於玻璃轉化溫度較高，水分含量較少且不易活躍。所以當豆子達到 T1 時的外表狀態則不如高含水率的豆子那樣柔軟，實際觸摸起來比較像是橡膠或是橡皮擦的觸感，這點要特別注意。由於咖啡豆的處理法、含水率不同，烘焙過程中咖啡豆到達內外都軟化的 T1 狀態也不同，這就需要大量的經驗來累

積。筆者在教學上會使用切藥器或者是剪刀來剪開豆子，藉由觀察剖面來確認豆體內部是否完全軟化。圖 6-3 至 6-8 為高海拔的低含水高密度咖啡豆自烘焙開始至 T1、大理石紋的照片。

圖 6-3　剛入鍋烘焙時（豆表沾附著銀皮）

圖 6-4　烘焙開始後一分鐘，表面的銀皮逐漸軟化

圖 6-5　烘焙開始後第二分鐘，豆表開始軟化，可以用指甲壓出痕跡即為 T0，部分銀皮開始脫落。豆心軟胚乳層色澤仍為深綠色

圖 6-6　烘焙開始後第三分鐘，豆表銀皮已經脫去，豆心軟胚乳層
　　　　色澤也變淺了，豆體內也軟化達到 T1 的狀態

圖 6-7　豆子再度進入玻璃態並且焦糖化進行時，豆體表面收縮產
　　　　生大理石紋。豆心軟胚乳層色澤較淺

圖 6-8　低含水、高密度的 20 目豆達到 T1 時的豆表與剖面

　　由於豆子的含水率較低時，其玻璃轉化溫度的 T0、T1 與含水
率較高的豆子對比起來有著很大的差異，所以在烘焙上必須在火力
以及入豆溫上面進行相應的調整（圖 6-9），才能在相同的時間點達
到 T1 的狀態，但是操作上仍然以溫和且不急躁的能量供應為前提。

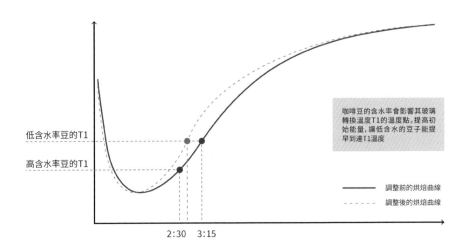

咖啡豆的含水率會影響其玻璃
轉換溫度T1的溫度點，提高初
始能量，讓低含水的豆子能提
早到達T1溫度

低含水率豆的T1

高含水率豆的T1

2:30　3:15

——— 調整前的烘焙曲線

- - - - - 調整後的烘焙曲線

圖 6-9　針對低含水率豆子的烘焙節奏調整

第二階段：T1 至大理石紋

　　當豆體到達 T1 的狀態後，隨即需要提供更多的能量供應給豆子，使其內部的水分能加速受熱並且脫離，讓咖啡豆整體的含水率下降進而離開橡膠態後到達玻璃態的物理狀態。這個階段裡過多或過低的能量供應都會讓咖啡豆產生不好的結果。

避免蔗糖加水分解

　　在烘焙高品質的精品豆時，在 T1 至大理石紋這個階段裡我們會建議讓豆子盡快進入到玻璃態。因為如果能讓水分快速從咖啡豆

脫離，如此一來可以避免逐漸活躍的水分將咖啡豆內蔗糖進行水解。這個階段裡如果能量供應不足，使得水分無法快速的受熱脫離，活躍的水分將會使蔗糖水解後產生葡萄糖與果糖，接著將隨著溫度升高將與胺基酸一起受熱進行梅納反應。而咖啡豆的蛋白質水解後也將產生更多的胺基酸，亦會增加後續梅納反應所需的物質。

如此一來咖啡豆也會因為缺少蔗糖，進而影響接下來的焦糖化反應程度，咖啡將以梅納反應的生成物吡啶、吡嗪、吡咯等堅果、穀物、花生等焦烤味為主。這樣的咖啡不只甜味與焦糖化甜香不足，甚至影響豆體的膨脹度以及咖啡萃取的效率。

避免綠原酸加水分解

在橡膠態下水分活躍的階段越長，不僅會對蔗糖產生影響，也會讓綠原酸進行加水分解後產生奎寧酸與咖啡酸。而咖啡酸原本在咖啡生豆內所占的含量甚微，大多是由綠原酸分解後而產生，並且帶著強烈的澀感，而奎寧酸則帶著尖銳刺激的酸感。然而隨著綠原酸加水分解產生更多的咖啡酸，接下來在一爆之後的階段裡，這些咖啡酸也將逐漸聚合成帶有強烈苦澀感的乙烯兒茶酚（Vinyl Catechol），以及乙烯兒茶酚聚合物（Oligomer's）。而奎寧酸也將受熱脫水成帶些微苦味的奎寧酸內酯（Quinic Acid Lactone）。對於中度烘焙以下的烘焙度設定來說都會產生不愉悅的感受，所以在操作上要盡量避免綠原酸加水分解的情況發生。

如果能夠在 T1 後快速將水分脫離豆體，則可以避免蔗糖加水分解，進而保留高溫階段時焦糖化反應所需要的原材料。而溫度高

於 60℃時，綠原酸有可能開始分解並產生水（依推論，兩分子的綠原酸將失去一個分子的水），綠原酸脫水後變成具有甘苦味的綠原酸內酯（Chlorogenic Acid Lactone），所以說這個階段所花的時間越長，對烘焙的風味影響越大。而入豆溫的高低以及 T0、T1 的掌握更是對本階段有直接的影響。

避免酯類水解

咖啡豆的後處理過程裡，不論是水洗抑或是自然乾燥、蜜處理等方式，皆需要藉由發酵過程中產生的醇類與有機酸進行酯化，如此一來才能讓咖啡生豆產生水果般的迷人香氣。這樣的水果香氣即是水洗處理法生豆所散發出來的清甜上揚甘蔗香，以及自然乾燥處理與蜜處理咖啡豆的熟成水果香氣。

但是帶來如此清爽香氣的酯類也會在水中進行水解，進而生成醇類與有機酸，也因此隔夜的冰滴咖啡、冰釀咖啡會漸漸飄散出發酵酒香以及酸味越發增強的緣故。這也意味著在烘焙不當的情況下，咖啡生豆內的酯類也會在烘焙過程中進行水解，並且還原出易揮發的醇類以及有機酸。如此一來也讓咖啡豆失去迷人上揚的熟成水果香氣。

觀察豆體的色澤與氣味掌握烘焙節奏

先前提過，在這個階段裡如果採用過於緩慢的升溫速度會對豆子內部造成不良的影響。反過來看，過快的升溫速度也會使得豆表與豆內的升溫速度差異拉大，進而拉大兩者間的烘焙度（Roast

Delta 值過大），這也將使得豆表烘焙度恰當的情況下，豆內卻呈現出發展不足的窘況。一般烘焙師遇到這樣的情況大多會在一爆後採用「拉長發展期」以及「減緩升溫速率」的方式應對。追根究底來說，就是能量掌控的問題，所以此時升溫節奏的掌握就特別重要。

在快速的度過本階段的過程裡，我們將會經歷豆子表面的花青素分解，以及果糖焦糖化、葡萄糖焦糖化，進而來到蔗糖焦糖化的階段。咖啡豆表面的顏色也將隨著溫度的上升產生變化。

隨著咖啡豆受熱後花青素逐漸分解，豆表的色澤將逐漸變淡。接著升溫到 110 度左右時豆表會達到果糖焦糖化的階段，此時豆子會呈現淺黃色並且帶著甜甜的甘蔗香。接下來在 145 度左右時將達到葡萄糖焦糖化的溫度點，這時候豆子會呈現土黃色並且帶有麥芽糖般的香氣。烘焙師在取樣的過程中不只要觀察豆表顏色以及氣味的變化，更要記錄下豆子發生這些變化的時間，以及當時豆溫探針與風溫探針的溫度，因為在這個時候咖啡豆體雖然需要大量的能量供應，但是隨著水分快速失去，豆體導熱的能力也會下降，這個時候可以透過觀察風溫、環境溫度與豆溫之間的差距亦能掌握此時能量的供應狀態。也可以使用切藥器或剪刀觀察豆子剖面的色澤與氣味。如果能掌握不同溫度下豆子內外的實際變化，並且記錄探針溫度與時間來掌握整體烘焙的節奏，既使是使用不同機器進行烘焙的情況下，也能快速適應以及掌握烘焙節奏。

進入 T1 後咖啡豆從膨脹到縮小對後續的影響

咖啡豆受熱之後進而到完全軟化的橡膠態的時候，豆子內部的

水分也開始活躍，如果在此時適當增加能量來加速水分蒸發，不只可以讓豆體大幅度的膨脹，對於後續焦糖化與一爆階段也會產生重大的影響。

豆體受熱膨脹後，內部的纖維也會因為水蒸氣急於脫離而撐大，進而造成豆體結構上的變形。緊接著水分脫去並且再度進入玻璃態的時候，豆體的萎縮也會再度對豆體結構進行破壞。如此一來，隨著焦糖化的進行以及二氧化碳氣體壓力的累積下，一爆時的爆裂將會更為容易而爆聲也較為清脆，進而使得咖啡在沖煮的時候也更容易研磨、萃取。

圖 6-10　豆表到達果糖焦糖化

第三階段：豆表進入蔗糖焦糖化的階段—大理石紋

　　隨著咖啡豆在鍋爐內受熱，實際的溫度上升至 160℃ 以上的時候，咖啡豆內的蔗糖也將會逐漸開始受熱進入到蔗糖焦糖化的階段。此時豆子表面水分已經大多脫去，豆表也將因為失去水分而逐漸起皺，而蔗糖焦糖化的進行也將使得咖啡豆的豆表漸漸從深黃色轉入棕褐色。這樣豆表起皺並且帶有棕褐色的現象，我們在實務上俗稱為「大理石紋」。

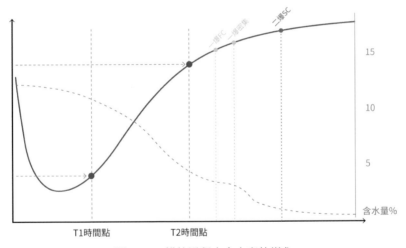

圖 6-11　烘焙過程中含水率的變化

對應豆表導熱狀況的能量供應—時間與壓力

　　因為咖啡豆在大理石紋的階段裡豆表的水分含量較低，使得能量從豆表導入豆內的效率也大幅下降。此時烘焙鍋爐內的能量供應勢必要相應降低，以避免過多能量加熱豆子表面，進而拉大豆表與

豆體內部的烘焙度差距。 另外要注意的是風速的控制在這個階段也是很重要的，由於空氣的熱導係數隨流速而增加，如果在這個時候加快空氣的流速以及加大能量的供應，勢必也會拉大豆子表面與內部的烘焙度差距。

反過來看，如果在這個階段裡的升溫速度過快，甚至必須藉由「開大風門」或是「加快風速」來降低升溫速度的話，則反映出鍋爐內能量過多，應該在前項階段裡調整能量的供應才是根本的解決之道，烘焙過程中應該盡量避免過於頻繁或是激烈的風門操作，並且時刻注意鍋爐內「環境溫度」的狀況與「風溫」才是。

在這個階段裡由於豆子的導熱效果較差，為了讓豆子內部能夠持續受熱加深烘焙度，此時我們可以從兩個方向去思考適當的應對措施。一是使用減緩升溫速率，亦即降低鍋爐的能量供應，讓豆子的內部有時間能跟上烘焙節奏。別忘了，焦糖化等化學反應進行時不只需要溫度，也需要足夠的時間來進行。而升溫速度的減緩亦是增加了豆表焦糖化的時間，相比此階段耗時較短的豆子來說，相同的出鍋溫度下耗時較長的豆子，在豆表與咖啡粉的艾格狀數值也會相對較深，兩者的烘焙度也會相對比較接近。許多烘焙師習慣在此時降低探針溫度的升溫速率 ROR，其背後的原理即是如此，藉由延長此階段的時間讓豆子內部逐漸加深烘焙度。

在這個階段裡如果同時採用加大空氣流量與降低能量供應的手段因應，則有可能抽入更多未經足夠加熱的空氣進入鍋爐內，進而影響豆子正在進行的化學反應，所以烘焙師應該小心應對。

除了上述減緩升溫速度來換取時間的方式之外，另一個應對的

方式則是藉由操作風門、調整風扇轉速或是風壓等氣流控制，進而減少氣流的負壓（增加鍋爐內的正壓來達成）。由於此階段鍋爐內處於一個高溫的狀態下，提高鍋爐內的正壓意味著將使豆子承受更大的壓力。這樣的壓力施予豆表當然會加速化學反應。然而就此刻的豆體結構狀況來說，由於豆表處於較為乾扁收縮的狀態，而豆子內側靠近豆心處的硬胚乳層（圖 6-12）則會因為受熱程度的不同，尚未達到收縮的階段。如此一來豆心外側的兩個硬胚乳層將對包夾在中間的軟胚乳層形成壓力，進而加速軟胚乳層的焦糖化反應（圖 6-13）。

　　然而不管採用上述哪種方式，最終都需要運用自身的感官能力來進行微調。如果香氣的跨度太大，則可以延長本階段的時間或是調整壓力等操作來因應。反之如果太集中呆板，則需要適度縮短時間、調整氣流壓力。

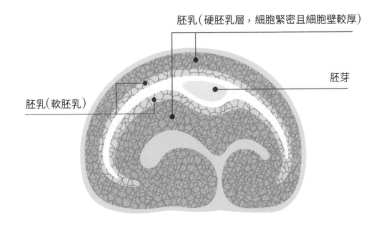

圖 6-12　咖啡豆軟胚乳層與硬胚乳層示意

圖 6-13　軟胚乳層焦糖化後的色澤

焦糖化對於淺烘焙的重要性－萜烯類香氣的脂溶性

　　精品咖啡能令愛好者們追捧癡迷，風味中帶著清新上揚且複雜的水果香氣是很重要的關鍵因素。先前咖啡風味的章節裡曾經提到過，迷人的柑橘、莓果等水果香氣為萜烯類的精油物質，是植物在高海拔且日夜溫差較大的生長環境下的產物。並且這些物質本身水溶性較差，但是較易溶於油脂。

　　如果烘焙度過淺或是在第二階段裡蔗糖大幅度的加水分解等操作，將會導致此階段焦糖化的程度不足，則二氧化碳與蒸氣壓的產生量則相對較小，接下來在一爆時豆體結構撐開的膨脹程度則會相對較低。如此一來與焦糖化相對充足的咖啡豆相比，由於兩者間結構與膨脹度的差異導致研磨後咖啡粉破碎的程度則有著很大的差異，進而影響萃取的效率。膨脹程度較低也使得咖啡內的油脂較不易萃出，清新上揚的精油類香氣也將較難保存於咖啡溶液中，造成

這些咖啡的水果香氣聞得到卻喝不到的情況。

　　一爆後咖啡酸逐漸受熱最終形成的聚合成乙烯兒茶酚聚合物，以及梅納反應的最終生成物類黑素，雖然也都具有界面活性劑的功能，能讓咖啡豆內的油脂溶解於咖啡液內，但是精油類物質本身具備分子量較小、沸點較低且易揮發的特性，也將使得深烘焙的條件下較難保存咖啡迷人的水果香氣。

圖 6-14　咖啡粉上的焦糖

圖 6-15　咖啡粉上的焦糖

第四階段：一爆開始、一爆密集與出鍋

　　隨著咖啡豆受熱後溫度逐漸升高水分也逐漸失去，以及諸多化學反應的進行會讓逐漸堅硬且脆弱的豆體纖維承受著諸多壓力（蒸氣壓與二氧化碳……等），當壓力到達了臨界點時，隨即產生了第一次的爆裂（伴隨著爆裂聲）俗稱一爆（First Crack, FC）。爆裂後的咖啡豆體因為被豆內釋放的壓力撐開使得結構變得更脆弱，而此時咖啡豆內的化學反應依然在進行著，所以無論我們使用何種手

段，都仍然要對咖啡豆維持穩定的能量供應。

　　延續著先前所提到的觀念，咖啡豆的膨脹度受到兩個關鍵因素的影響，一個是烘焙過程中的第一、二階段對結構的破壞、另一個是咖啡豆內進行的焦糖化所產生的二氧化碳、蒸氣壓力，進而影響一爆後豆體膨脹的程度。

　　前者影響咖啡豆體結構，先把結構破壞了之後才能使得一爆能夠順遂，而結構的破壞又與咖啡豆加熱至 T1 有著密不可分的關係。這就如同建築業要破壞堅固的牆體時，必須先在牆上鑽洞以及破壞強體結構的做法是相同的概念。所以我們接下來討論的內容都是基於在第一階段與第二階段裡「當 T1 時憑藉著水分活躍進而將能量導入豆內」為前提來延伸。

　　而一爆後豆子的膨脹程度除了顯示出豆子結構的鬆散程度，更是影響一爆後鍋爐內能量進入豆子內部的程度。膨脹度大的豆子因為結構較為鬆散，所以一爆後鍋爐內的能量更容易進入豆子內部，並且加速豆子內部的各種化學變化（例如蘋果酸、檸檬酸的熱解以及焦糖化等）。使得此時升溫速度 ROR 的快慢，對於咖啡的風味有著顯著的影響。接下來我們將針對一爆後味覺、嗅覺的感受變化，以及升溫速率 ROR 的影響等方面來討論。

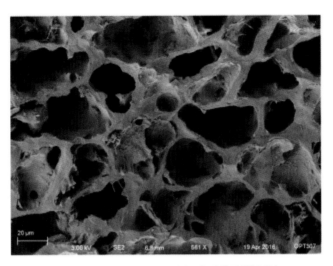

圖 6-16　一爆後咖啡豆內細胞壁的顯微照片

一爆後味覺感受的變化

　　咖啡中的味覺感受不只源自於生豆內的既有物質，更與烘焙過程中的化學反應有著密不可分的關係。我們耳熟能詳的焦糖化作用以及梅納反應則分別以豆子內帶有甜味感受的蔗糖、單醣為原材料，並且產生出帶苦味的物質「梅納丁、黑精素（Melanodin）」。

　　另一方面，隨著烘焙度加深，原本帶有苦味與澀感的綠原酸將脫水生成帶有苦味的綠原酸內酯。抑或在烘焙過程中生豆水分含量過多的情況下，使得綠原酸分解為奎寧酸與咖啡酸，無論過程如何，最終也都會在二爆開始後陸續產生苯酚、兒茶酚等帶苦味的物質，也都是造成咖啡苦澀的原因。所以就甜味與苦味的變化趨勢來看，兩者的強弱隨著烘焙度的加深而有著此消彼長的狀況。

　　咖啡中酸味的來源因素眾多，除了咖啡果實內原有的檸檬酸、蘋果酸、綠原酸，以及蔗糖受熱後產生的甲酸、醋酸、乳酸等有機酸。前者為伴隨著咖啡豆生長而產生，後者源自於蔗糖受熱所產生。代表咖啡「酸質」指標的蘋果酸、檸檬酸因為不耐高溫，會在一爆後的烘焙過程中隨著溫度越高而衰減，通常在一爆密集左右濃度開始下降，而甲酸、醋酸、乳酸等有機酸則伴隨著蔗糖受熱而生成，亦隨著烘焙度的加深以及溫度的上升而降低濃度。也因此在一爆後我們可以明顯感受到咖啡的酸質逐漸由明亮活潑轉變為暗鈍低沉。

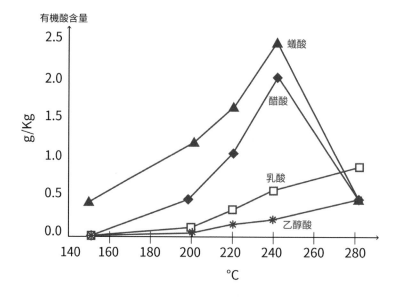

圖 6-17　不同溫度下的有機酸含量

味覺感受與烘焙度的關聯

在正常的烘焙情況下，我們可以依照烘焙度以及酸甜苦味的變化趨勢而繪製出味覺感受的強度變化圖（如圖 6-18、6-19 所示）。而這樣的趨勢變化當然會因為烘焙師的手法的不同，使得強弱的變化在時間與溫度點上有所差異，但是強弱的變化趨勢差異應該不大。在不細究酸質的變化下，我們可以從圖中發現到酸味與甜味隨著烘焙度的加深而減少，與之此消彼長的是苦味。但是甜味與酸味、苦味的變化趨勢當中，仍然可以找到恰當時機點來獲得較佳的味覺搭配。如此一來，烘焙師即可按照自己烘焙手法所產生的味覺強弱繪製成趨勢圖，接下來就可以依照自己想呈現的味覺感受來決定出鍋時機。

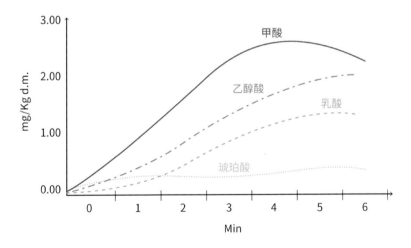

圖 6-18　有機酸含量與烘焙失重之關係

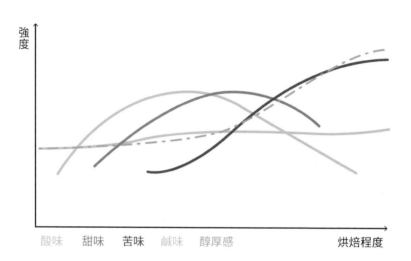

強
度

酸味　甜味　苦味　鹹味　醇厚感　　　　　　烘焙程度

圖 6-19　一爆後味覺感受與烘焙度的關聯 -1

　　如果在烘焙的第二階段裡沒有足夠的能量導入豆內,將會使得豆子內逐漸活躍的水分無法快速的受熱脫離進而造成蔗糖水解,如此一來咖啡豆也會因為缺少蔗糖而影響接下來的焦糖化反應程度,這樣的咖啡不只甜味與焦糖化甜香不足,在一爆後的味覺感受也將會失衡(如圖 6-20)。

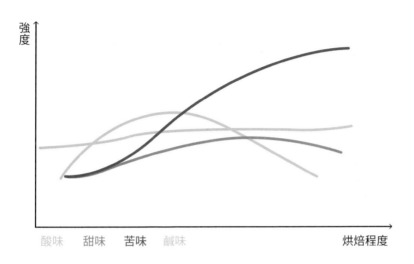

圖 6-20　一爆後味覺感受與烘焙度的關聯 -2

出鍋時機點的判斷—味覺的強度搭配

在味覺強度與搭配上我們討論過了甜與苦，還有酸的強弱變化。但是鹹味在味覺感受上占了重要的地位，卻往往被人們所忽略。咖啡中的鹹味主要來自於礦物質以及少量胺基酸，這當中尤其以礦物質最為重要。咖啡內的礦物質並不會因為烘焙過程的影響而有所增減，也就是說烘焙師在無法改變鹹味強弱的前提下，更要藉由調整酸、甜、苦味各自的強度與之進行味覺上的搭配。苦味與鹹味、酸味的相互作用下又將帶給飲用者更多元的感受，並且延伸了咖啡的飲用體驗。

但是從實務的角度上出發，強勁的酸味必須要有相應強度的甜味來搭配。而苦味也必須要有甜味的搭配使之柔化成甘味。在微量

鹹味搭配下，則可以讓甜味更有層次感。所以如此看來，不論酸、苦、鹹味均需要甜味來搭配，因此淺烘焙的愛好者務必要拿捏好焦糖化的程度。過度的焦糖化將會讓甜味下降並且凸顯了苦味，同時醋酸濃度的增加也將讓咖啡風味不再飛揚明亮。

如果在第一階段與第二階段發生了失誤操作，則會讓焦糖化的原材料——蔗糖在第二階段進行加水分解，進而影響一爆前後焦糖化的進行，這樣將不只使得咖啡將失去味覺上的平衡感，在香氣的表現上也將失去濃郁持久且具甜感的呋喃類香氣。

出鍋機時機點的判斷—味覺與嗅覺的搭配

在前面風味的章節裡我們討論過香氣的屬性，例如花香是帶有明亮上揚的甜感，水果類的香氣大多帶有酸甜感，而焦糖類的香氣則帶有濃郁渾厚的甜感。這些感受並不是「吃」到的味覺感受，而是香氣本身與大腦中的印象連結所產生的。

在品飲咖啡的時候，進入口腔後所感受到的不光是味覺與觸覺感受，也包含香氣帶來的鼻後嗅覺感受，此時味覺與嗅覺的搭配就顯出其重要性了。由於鼻後嗅覺的感受往往讓人與吃到的味覺產生混淆。如果烘焙師能將咖啡的烘焙度恰如其分的掌握，保留一些味覺上的甜味的同時也在香氣上帶出焦糖類的甜感香氣，甚至在淺烘焙的情況下，給飲用者花香、水果香氣以及甜甜的焦糖香，如此一來將帶給飲用者愉悅的綜合感受。帶甜感的花香、果香、焦糖香與味覺上的甜味相輔相成，形成一加一大於二的甜感。

試想一下，如果是酸甜的水果香搭配帶酸感的青草香氣，並

且味覺上呈現較弱的甜感，那麼飲用時多半會有偏酸且不平衡的感受。所以在教學上筆者總是強調必須將味覺與嗅覺區分出來，並且分析日常生活中的食物、飲品等在各個感官上呈現的種類、強度、排列順序等等，如此一來不只能增加自己在品嚐上的美感，進而能運用在烘焙上掌握香氣與味道的搭配美學。

◉ 我們一般常說的甜感其實有時候是味覺上的甜味，有時候是鼻後嗅覺的香氣感受，而兩者同時具備的複合感受更能讓人印象深刻。

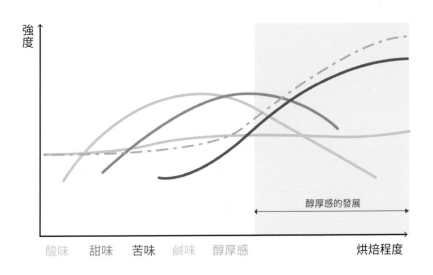

圖 6-21　一爆後味覺感受與觸感

137

▋ 升溫速率 ROR 與烘焙度艾格狀數值之關聯

簡單來說，一爆後爬升的溫度越高，咖啡豆表面所承受到來自鍋爐內的能量也越高，這也表示豆子表面受熱的程度。而在這個階段裡豆子正在進行蔗糖焦糖化的過程，所以咖啡豆的升溫也與這些化學變化有關聯性。

誠如前面所談到的，從一爆開始直至出鍋前所使用的時間越長，則會使鍋爐內的能量在豆子膨脹爆裂後將更有機會進入到豆體內部，進而影響蘋果酸、檸檬酸的熱解，這都會使得咖啡的酸「質」下降（不是酸度）。也就是說，一爆密集開始至出鍋的時間越長，則明亮上揚的酸質越顯消失。與此同時也會促使豆內的化學反應與焦糖化的加速，以及咖啡豆內的蔗糖也會陸續進行焦糖化反應，進而造成咖啡的甜味下降。而焦糖化所生成的類黑素的總量也陸續增加，造成咖啡的苦味上升。

隨之而來的是產生呋喃類帶甜感的香氣以及帶低沉酸味的醋酸（醋酸將增加酸度而非酸質）。在酸質的表現上來說，醋酸濃度的增加以及蘋果酸、檸檬酸的熱解，將使得咖啡的酸質從明亮上揚的跳躍酸質，逐步轉變成低沉濃郁的酸感。隨著烘焙溫度的上升，醋酸也將在第二次爆裂（Secend Crack，簡稱 SC）之前逐漸揮發散去。所以就酸的濃度而言，是在一爆密集之後逐漸到達頂峰並且下降，但是就酸質的角度來看，一爆密集後即開始逐步下降。此階段的分寸拿捏即是追求明亮水果風味的淺烘焙所必須掌握的。

所以當我們從「一爆後升溫速率 ROR」的角度來看待這些問題的時候，則可以把溫度當作 Y 軸，而時間當作 X 軸來看，所謂

的「高 ROR」則是一爆開始之後到出鍋的升溫快且較高，並且所使用的時間較少，從咖啡豆的角度來看，其所接受到的熱能也較高，豆表的烘焙度與艾格狀值也會依照受熱時間而受影響。而一爆開始至出鍋的時間較短，則會使得鍋爐內的能量沒有足夠的時間進入豆內，進而使得豆內保留的甜味、酸質則較多。

換言之，若一爆後發展時間若過短、升溫較快，則豆表與豆內的烘焙度也會較淺，代表豆表與粉的烘焙度數值差距的 RD 值（Roast Delta）則會較大，就風味上來說跨度雖然比較大，但是風味的強度則會表現得比較弱。豆子內可能會處於較淺的香氣譜（草本、麥芽、香料……等），並且呈現出較強的酸度以及較薄的觸感，使人感受到「發展不足」的風味感受。其實就是因為如此大的風味跨度使得豆子內部較淺的部分仍然處於較為初淺的烘焙度所導致的。

而反過來說，一爆後升溫幅度低並且使用較長的時間出鍋（低ROR），則是利用延長一爆開始之後的烘焙時間來縮短豆子內外烘焙度的手法，進而使得咖啡的香氣味譜擺脫較淺的麥子、穀物等飲用感受較為初淺的風味區塊，並且隨著時間而加深，期望能提升到較為愉悅的區塊。如此一來也因此延伸出了「發展期」（Development Time）、「發展率」（DTR）、「滑行」等說法。

從整體的角度來看，不失為因應「烘焙第一與第二階段裡豆表升溫過快」的一個補救方式。而這樣過低的升溫也影響了焦糖化的進行程度。對於豆子的膨脹度、萃取效率以及風味的連貫性、平衡感產生了直接的影響，飲用上容易出現「聞得到但是喝不到」的窘況。

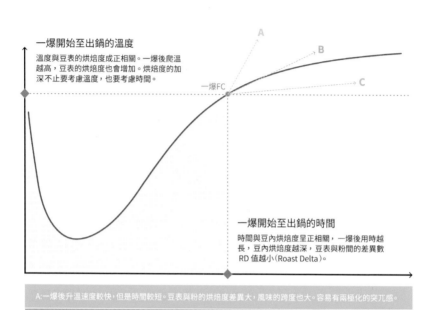

一爆開始至出鍋的溫度
溫度與豆表的烘焙度成正相關。一爆後爬溫越高，豆表的烘焙度也會增加。烘焙度的加深不止要考慮溫度，也要考慮時間。

A
B
一爆FC
C

一爆開始至出鍋的時間
時間與豆內烘焙度呈正相關，一爆後用時越長，豆內烘焙度越深，豆表與粉間的差異數RD值越小（Roast Delta）。

A:一爆後升溫速度較快，但是時間較短。豆表與粉的烘焙度差異大，風味的跨度也大。容易有兩極化的突兀感。

B:一爆後升溫速度較和緩，豆內有足夠的時間加深焙度。風味的展現跨度不至於太大，也較為均勻。

C:一爆後升溫速度較慢，且爬溫幅度低。因爬溫幅度低而使得豆表的烘焙度也較淺。而因為所使用的時間較長的關係，豆內也較不易出現過於淺的風味表現。

圖 6-22　一爆後不同的升溫速度對風味的影響

　　回歸到全息烘焙法的概念來看這些事情將會發現到，從大理石紋的第三階段開始，豆表即開始受熱進行焦糖化。在這時候我們發現，鍋爐內能量的供應會影響咖啡豆化學反應的效率，而時間則會影響咖啡豆內外的烘焙度。由大理石紋開始，一爆時間越長則豆表越有時間進行焦糖化，進而使得豆子內部烘焙度較淺的部分也有更多的時間加深烘焙度，並拉近與豆表間的烘焙度差距，也就是說從第三階段的大理石紋出現開始，時間的掌握即是重點。

表 6-1　升溫速度與幅度對 RD 值與風味的影響

	長或大	短或小
從大理石紋開始到出鍋的時間	RD 值越小 風味越集中	RD 值越大 風味越寬廣淡薄
一爆後升溫幅度	豆表色值越深	豆表色值越淺
一爆後發展時間	粉值越深	粉值越淺

　　而在第一次爆裂（一爆 FC）後豆子開始產生膨脹爆裂的現象，這會使得鍋爐內的能量更容易進入結構脆弱鬆散的咖啡豆內部，而此階段如果讓咖啡豆待在鍋爐的時間越長，則會加深豆子內外部的烘焙度。也因此在相同出鍋溫度下，一爆開始到出鍋之間耗時較短的手法所烘出來的豆子，其豆表與粉的烘焙度通常會較淺於耗時較長的豆子。而相同手法與節奏下所烘焙的豆子，豆表與粉的烘焙度將與時間、溫度會具有一定程度的相關性。

表 6-2　升溫速度與幅度對 RD 值與風味的影響

時間 ＼ 溫度		一爆後升溫幅度	
		大	小
一爆後發展時間	長	RD 值逐漸縮小 苦味越強，甜味、酸味越弱	RD 值仍較大 酸甜物質保留較多 風味集中在酵素類且單薄
	短	RD 值大 苦味嚐增加，並與酸甜味並存 風味跨度大但是不平衡	RD 值較大 焚酸甜物質保留較多 風味跨度大但空洞

　　以筆者在烘焙廠實務經驗上來說，為了穩定每一鍋的烘焙品

質，所以在操作上必須保持相同的烘焙手法、升溫節奏以及一爆溫度，並且會在接近預設的出鍋溫度、時間之前進行反覆的取樣，藉由目測豆表的顏色深淺來決定出鍋時機。如此的操作通常能夠達到穩定的豆表與咖啡粉的烘焙度數值。

筆者也建議，在烘焙完成後的第二個小時左右進行第一次咖啡豆表與粉的艾格狀值測定，並且在烘焙後的 12 至 24 小時再一次的進行測試。烘焙師們應該熟悉各個數值間的顏色差異，並且在一爆開始至出鍋的階段養成對色（確認豆表烘焙色澤）的習慣。如此將更能掌握烘焙品質的穩定性。

從膨脹度的角度來看，如果一爆後的膨脹幅度較低的話，則能量較不易進入豆內，上述豆體內的化學變化以及烘焙度的發展則會延緩（更需要延長發展時間）。所以當我們使用時間與溫度作為 XY 軸來看待一爆後升溫速率 ROR 的時候，更要把膨脹度 Z 軸也一起考慮進去。

特別要注意的是，在一爆的過程裡我們講究爆裂聲要「清脆與綿密」，在這裡我們特別要強調的是，我們講究的是「清脆」而不是「猛烈」的爆裂聲就是這個道理。清脆的前提是指在烘焙的第一、二階段能將豆體結構進行破壞，並且在第三階段開始有足夠的能量進行蔗糖焦糖化作用，好讓一爆時能將豆體輕易撐開，也就是說第一階段與第二階段能順利完成。

綿密則是整鍋豆子都很均勻的受熱，前提是豆子的密度以及大小等物理性狀都保持一致。並且一爆過程中綿延不斷的受熱爆裂。如此更能從容的掌握咖啡的杯中風味呈現。

由於每個產地的咖啡會因為品種、種植海拔、氣候等等因素的影響，使其彼此間都有其天然且獨特的風味特色，也因此在豆表與咖啡粉的烘焙度差異 RD 值的設定上也不盡相同。較大的 RD 值會呈現較為寬廣的風味表現（例如 18 至 24），所以可以適用於高海拔且高品質的咖啡豆。而 8 至 14 的 RD 值跨度則相對安全保守，對於某些高品質咖啡來說，淺烘的狀態下可能會失去一些風味上的細節與靈氣。所以烘焙度的跨度不是一味追求大就好，當然也不是小就妥當，還是要藉由樣品烘焙後找出豆子適合的寬度廣度。所以說到底，烘焙師還是要精進自己的感官能力與美感，最終還是要靠喝來決定一切。

Chapter 07

從宏觀的角度來看烘焙過程

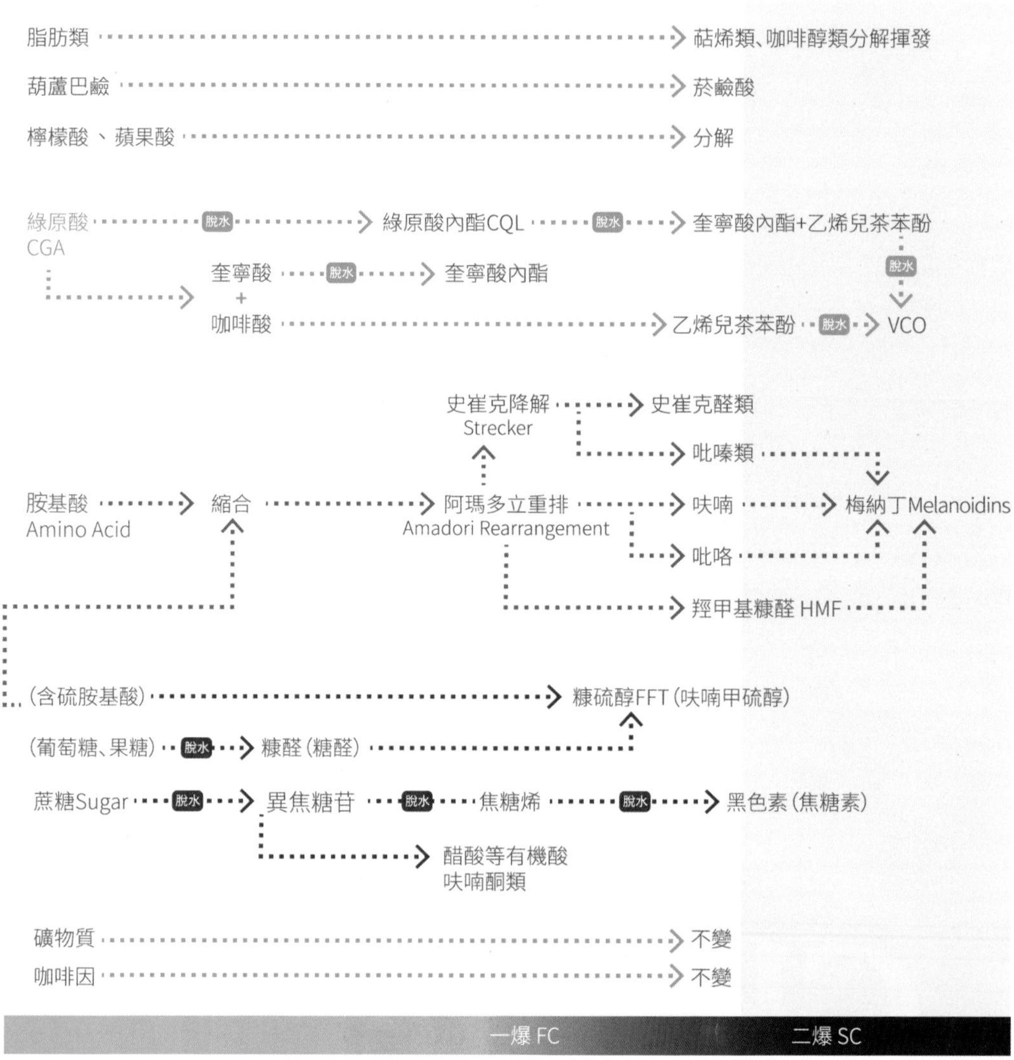

脂肪類 ·····················➤ 萜烯類、咖啡醇類分解揮發

葫蘆巴鹼 ·····················➤ 菸鹼酸

檸檬酸、蘋果酸 ·····················➤ 分解

綠原酸 ···· 脫水 ···➤ 綠原酸內酯CQL ··· 脫水 ···➤ 奎寧酸內酯+乙烯兒茶苯酚
CGA
　　　　　奎寧酸 ···· 脫水 ·····➤ 奎寧酸內酯　　　　　　　　　　　脫水
　　　　　　+　　　　　　　　　　　　　　　　　　　　　　　　　　↓
　　　　　咖啡酸 ·····················➤ 乙烯兒茶苯酚 ·· 脫水 ·➤ VCO

　　　　　　　　　　　　史崔克降解 ····➤ 史崔克醛類
　　　　　　　　　　　　Strecker
　　　　　　　　　　　　　　↑　　　　　　　　➤ 吡嗪類
胺基酸 ····➤ 縮合 ·············➤ 阿瑪多立重排 ·········➤ 呋喃　　➤ 梅納丁Melanoidins
Amino Acid　　↑　　　　Amadori Rearrangement　　　➤ 吡咯
　　　　　　　　　　　　　　　　　　　　　　　➤ 羥甲基糠醛 HMF

(含硫胺基酸) ·····················➤ 糠硫醇FFT (呋喃甲硫醇)

(葡萄糖、果糖) ·· 脫水 ·➤ 糠醛 (糖醛) ·············

蔗糖Sugar ··· 脫水 ·➤ 異焦糖苷 ◄· 脫水 ·· 焦糖烯 ······· 脫水 ·➤ 黑色素 (焦糖素)
　　　　　　　　　　　➤ 醋酸等有機酸
　　　　　　　　　　　　呋喃酮類

礦物質 ·····················➤ 不變

咖啡因 ·····················➤ 不變

一爆 FC　　　　　　　　　二爆 SC

圖 7-1　正常烘焙狀態下，咖啡內物質所參與的反應與生成物

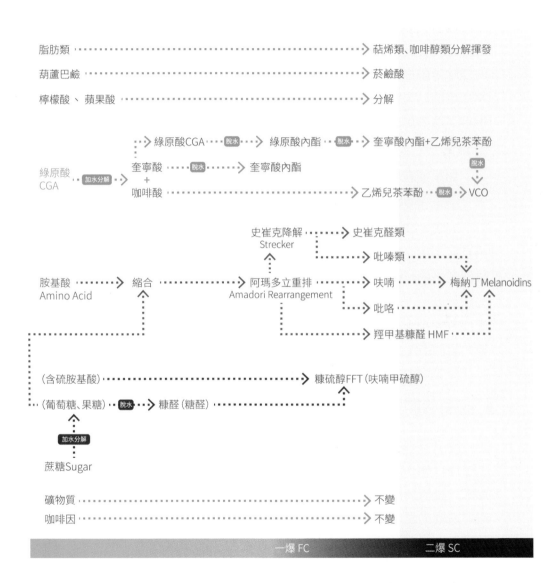

圖 7-2　加水分解狀態下，咖啡內物質所參與的反應與生成物

　　咖啡的風味組成，總是離不開生豆內的物質種類與含量，以及這些物質受熱後所參與的化學反應。所以我們如果要瞭解烘焙後的風味是怎麼來的，就必須瞭解每一個物質所參與的化學反應以及其產生的結果對味覺、觸覺、嗅覺的影響。這些資料坊間很多，也很容易搜尋到，在此我會衷心的希望每個烘焙師都能夠花點時間去瞭解。

　　如果能在烘焙四個階段裡帶入咖啡豆內的化學變化，那麼對於全息烘焙理論的掌握也會更加深刻，烘焙框架將會更完整清晰。

　　如果在掌握這樣的烘焙框架後，烘焙師是否能從預先規劃好烘焙目標，來設定出自己想要呈現的香氣風味、口腔觸感以及味覺上酸甜苦鹹的感受搭配？甚至依此來決定出鍋的烘焙度以及豆子內外的烘焙度跨度？在有了這些目標之後，接著再依照豆子的含水率、密度、大小來規劃整個烘焙節奏、火力配置，進而達到目標？甚至據此延伸出產品開發的流程、快速檢測品質的方法？

▍商品的開發與競賽的意義

　　筆者在烘焙廠裡的實際運作上，不論是來料加工（CMT）、代工生產（OEM）、設計代工（ODM）等，我們會面臨到客戶的各種要求，也需要經過各種原材料的測試、樣品開發、放樣生產等過程最終將商品呈現給客戶。如果在原料測試以及樣品開發的環節裡，我們按照過去的方法在「不同升溫曲線、出鍋溫度各跑一鍋」，接著取最接近目標風味的方式來進行放樣烘焙，那真的是既不符合成本效益，也未免太不專業了。

不論是單品豆的規劃抑或是配方豆的開發上均是如此。在產品開發前，我們會先透過溝通得知客戶在風味上想呈現的香氣排列與味覺搭配，以及使用的萃取方式，再依照客戶的預算範圍列出將要使用或搭配的咖啡豆清單。

　　接著在列出預選的豆子清單的過程中，我們不只要先掌握每一支咖啡豆的風味調性、甜度、酸感（酸質與酸度）等等，我們還會將每支豆子的含水率、密度以及目數都記錄上去，盡量選取含水率、密度、目數都彼此接近的豆子來入選配方，這就可以避免在烘焙過程中每支豆子 T0 與 T1 的溫度點不同，進而延伸出更多問題。在設定配方與比例後，我們接著會設定烘焙時間、一爆時間以及出鍋溫度點色值。完成樣品的紙上規劃之後，接下來就會以樣品烘焙機進行打樣、杯測評估進而到大型烘焙機放樣等過程。

　　講到這裡，有關注烘焙比賽的讀者或許就有所體會，這個過程不就彷彿是世界烘焙大賽（World Coffee Roasting Championship, WCRC）的競賽過程嗎？

　　烘焙計畫就像是研發部門對市場部門的風味提案，以及內部的烘焙規劃，在掌握原材料特性與風味面向的前提下，研發部門所提出的企劃才不會天馬行空，這當然也全都要仰賴烘焙師的經驗累積以及對生豆品質的掌握才能達到的目標。我們舉例來說，如果想要開發出一支以濃郁的焦糖香氣並輔以莓果香氣為特點，味覺感受上酸度要低，並且使用在家用的濾滴咖啡上的配方，那麼我們就可以推估出咖啡豆表的烘焙度艾格狀數值就應該要控制 65 左右。而粉值則是在 83 左右，接下來我們會依照風味輪內風味群組的強度比例（酵素類：焦糖類，為 4：6）、烘焙度與風味跨度設定好一爆的時間，

藉以控制內外烘焙度的差異（RD 值）。最後在設定出鍋溫度來掌握
風味的深度、發展時間來控制 RD 值與味覺上的強度。

圖 7-3　2019 年世界烘焙大賽現場

接著在有限的原材料裡，藉由生豆的物理分析來獲取資訊。再透過樣品烘焙的環節來評估原材料的品質以及提案的可能性，進而在正式烘焙的環節裡放樣、生產。由此看來，烘焙師不只要掌握對原材料品質的分析能力，還要具備規劃能力以及執行能力。那麼感官能力的強化與烘焙理論的掌握對烘焙師來說就更加重要了！

烘焙後的快速檢測

隨著國內咖啡市場的興起，越來越多的同好們投入到咖啡烘焙的環節裡來，也使得小微型烘焙機與生豆的市場越是蓬勃發展。許多烘焙師多半有著沖煮咖啡的經驗。實際上烘了幾鍋之後就會發現，烘焙與沖煮兩者間最大的差別在於，在沖好咖啡之後隨即可以喝喝看，決定是否可以出杯。但是對於烘焙師來說，每當烘焙完畢之後卻要經歷冷卻、養豆等過程才能夠揭曉結果。既使是趕在烘焙後 12 至 24 小時內杯測，也確實有點緩不濟急，因為烘焙師們需要在烘焙結束後進行確認「這樣的烘焙參數烘出來的品質是否可行」？

筆者過去在舉辦國際性的大型烘焙賽的過程裡，常常會遇到國外頂尖的選手詢問：「是否允許在烘焙環節的過程中進行杯測？」也就是說，這些選手們希望在有限的比賽時間裡，除了實際烘焙操作以及挑豆子之外，也希望能夠允許選手在這個比賽時間內將烘焙好的豆子進行杯測，可見烘焙完成後對於豆子的評估，以及接下來的操作修正是多麼重要。我們不由得開始思考除了杯測之外，是否還有其他簡便快速的方式來測試烘焙的品質？抑或是需要等到隔天杯測之後，才能確認品質以及找到修正的方向？這個問題在筆者當然

也有切身感受，在烘焙廠裡爭分奪秒的生產排程中，的確是必須面對的問題。

圖 7-4　2019 年世界烘焙大賽選手杯測現場

　　其實從全息烘焙法的角度來說，在瞭解了烘焙過程的四個階段後，我們基於烘焙過程中各個階段的要求與重點，整理出了快速檢查烘焙品質的方法，這個方法也是我們長期運用在實務生產上的快速檢測方式。

快速檢測法

　1. 一爆時候的爆裂聲是否清脆綿密？（密度較低的豆子例外）
　2. 豆子表面的顏色是否足夠上色？是否有達到預設的烘焙度

色值？

3. 出鍋前以及出鍋當下是否有類似糖炒栗子般濃郁且帶點刺激感的焦糖類的香氣？

4. 冷卻後咖啡豆子的結構是否膨脹且脆？能輕易碾壓破碎？

5. 撥開豆子後，剖面豆心的顏色是否比周邊還要深？

6. 撥開豆子後，淺烘以及淺中烘焙的咖啡豆是否有聞到焦糖類的香氣？聞到的香氣種類是否與預期的相符？

　　在每次的烘焙工序結束後，我們都會藉由碾壓豆子的方式來測試豆體結構的破壞程度與膨脹度，追求的方向是豆體膨大酥脆。當然，在不同的烘焙度下所需要的膨脹度不同，例如烘焙度位於一爆完全結束前的豆子，我們追求脆。指的是將豆子放在桌面上並且用拇指擠壓的狀況下，應該能夠輕易的碾壓。

圖 7-5　蔗糖焦糖化程度與剖面

　　但是對於烘焙度在二爆的豆子來說，我們會更是追求「酥脆」，這裡指的不只是拇指的施壓能將其粉碎，更要在碾壓時有酥脆感。兩者之間的差異很大，但是這當中的道理其實很簡單，因為膨脹度較高的豆子，在研磨後的粉粒也有著較佳的孔洞與接觸面，這也將會對於萃取的效率也會有直接的影響。尤其是使用義式咖啡機這種在高溫高壓、短時間內的萃取條件下的 S.O.E（單一產地濃縮咖啡豆）、Espresso（濃縮咖啡豆）等用豆，更是面臨著比滴濾式萃取更為嚴格的膨脹度要求。為了能將咖啡豆內的美好風味萃取出來，烘焙師則必須在烘焙過程中的第一階段裡確認豆子已經進入到「能量完全透入豆內的 T1 階段」，並且在第二階段時有足夠的能量將水分快速去除，進而到第三階段的焦糖化反應時能讓豆體縮小、膨脹等。從這個角度來看，這也就能明白過去的老師傅們為何如此講究「清脆且綿密」的一爆聲。

　　第五點以及第六點則有更重要的意義，就淺烘焙的咖啡豆來說，如果豆表有充分的進行焦糖化程度，並且剖面豆心的部位也有上色，則代表在咖啡豆在這樣淺的烘焙程度下，不至於呈現出發展不足與風味上的空洞感。

　　而撥開豆子辨別香氣的第六點，可以藉由辨識香氣的種類、跨度來判斷與烘焙目標是否吻合。我們可以將聞到的香氣分成花香、果香、草香等酵素類，以及堅果、焦糖、巧克力的褐化反應類。並且區分兩種類別的比例。假如酵素類與褐化反應香氣的比例是 9：1，則代表焦糖化程度較低，膨脹度程度也較小，必須在研磨萃取上必須下點功夫。由於酵素類的香料、水果香氣多為精油成分，容易揮發且容易溶於油脂卻難溶於水分，此刻如果我們能聞到這些香味即

代表這些萜烯類依然保留在咖啡豆內，但是仍然要避免這些迷人的香氣因為焦糖化程度不足，而出現「聞得到卻喝不到」的窘況。

如果酵素類香氣與焦糖類香氣的是呈現 2:8 的比例，則代表焦糖化程度較重，對於飲用者來說喝起來的風味會較為集中且呆板。甜味較低且苦味較明顯。就筆者的經驗上來說，高品質咖啡生豆的淺烘焙比例最好是在 8:2 至 6:4 之間。而單品濃縮咖啡的比例則是在 6:4 至 5:5 之間則較為妥當，讀者也可以使用這樣的方法反覆測試，並且找出最適合自己的香氣比例。

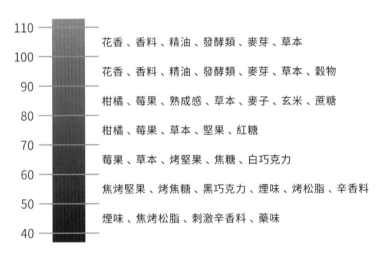

圖 7-6　艾格狀值與風味

再回到先前提到過的艾格狀與風味的關係上來看，如果我們能在撥開咖啡豆時聞到濃郁的焦糖香以及柑橘香，那麼豆表的烘焙度艾格狀數值就應該介 70 至 60 之間，而咖啡粉的數值則應該落於 90 至 80 之間，如此一來如果我們能藉由聞到的相關氣味來判斷艾格狀

的數值，那麼對於調整的方向也趨於明朗了。

　　如果高海拔的精品咖啡在烘焙後豆體仍然較為堅硬，並且撥開豆子後出現麥子、烤堅果以及烤花生類的香氣，就代表在第二階段產生了加水分解的情況，勢必要必須調整第一與第二階段來因應。而第一、二階段的操作不當，通常也伴隨著生澀的觸感以及較低的甜感，也因此酸味、鹹味也容易被凸顯出來。

　　烘焙師若能適當的掌握烘焙過程中四個階段的節奏，觀察與調整豆體結構的變化，以及化學反應的程度，進而能夠自由控制在一爆後豆體內外的烘焙度差距，如此一來即可讓咖啡在較淺的烘焙度下，也能將展現出美好且完整的風味呈現。

▋ 不同目的之烘焙度選擇與樣品烘焙

　　在掌握了前述的觀念後，我們漸漸可以發現，不同沖煮目的下所使用的豆子，在烘焙度的選擇上都有其適用的區間。以追求花果香氣的淺烘焙為例，如果烘焙度較淺的話則容易讓咖啡飲用起來較為空洞且淡薄，因此焦糖化的掌握就很重要。在烘焙度的設定上，我會建議讓豆表的烘焙度在 73 至 63 之間，並且再依照咖啡豆的特性進行微調，而 RD 值的控制部分就要依照豆子的品質與產地而異。另外要注意的是，從烘焙開始到第一次爆裂的時間越短，則會使得豆表與粉的 RD 值（Roast Delta）越大（例如 70/92），較適合於高海拔且高品質的非洲咖啡豆或是中美洲競標等級的豆子。這樣的豆子通常較適合在一爆密集後到一爆即將結束前出鍋。

　　如果是追求果香型的單一產地濃縮咖啡豆（S.O.E），則烘焙度

的設定上必須比單品再稍微深一點，豆表烘焙度建議在 68 至 60 之間，而日晒豆可以相對較淺一點。讀者可以先設定好想要的風味陣列，以及味覺上酸甜苦的搭配感受，再著手進行烘焙度的調整。

也因此每當筆者收到國外產地寄來的生豆樣品時，我們總是會將豆表的烘焙度設定在 73 至 63 之間，如此一來豆子內外的烘焙度通常能夠橫跨「酵素群組」與「褐化反應群組」的香氣之間。在這樣的烘焙度下杯測，也比較能呈現出豆子的品質與潛力。在這樣的烘焙度設定下，如果咖啡的風味上能從花果香氣跨越到焦糖、太妃糖等香氣，那麼豆子的使用與推廣上就比較廣泛，從單品手沖用豆到濃縮義式用豆都可以嘗試。

如果生豆樣品在這樣的烘焙度下，所呈現的風味除了焦糖類香氣外，所感受到的是草本以及不清晰的水果類香氣。在應用上來說，適用的烘焙度範圍就窄了些。較適合淺中以後的烘焙度，以及義式濃縮用豆。

在這樣的烘焙程度下有些咖啡豆樣品所呈現的風味只有草本、麥子、烤堅果香氣等。則代表這樣的樣品應該為中低海拔的商業豆，因此烘焙度的選擇上就會少了許多，最淺的烘焙度設定上也應該以中烘焙為主，作為義式拼配的基豆也是不錯的選擇。所以生豆樣品分析也是烘焙師的必修課，掌握生豆品質才能適才適用。

烘焙後的杯測評估系統

在烘焙完成後，除了測量豆表與咖啡粉的烘焙度色值之外，藉由杯測來分析烘焙狀況也是全息烘焙法非常重視的環節。與一般杯

測過程使用杯測表來進行的方式有所不同，筆者在實務上習慣將感官感受進行解構，將味覺、嗅覺、觸覺分開，並且依照種類、強度以及屬性來進行評估。

例如

鼻後嗅覺的香氣感受（種類＋屬性＋強度 1-3 級）：
→ 柑橘精油（不甜）1/3、烤花生（不甜）2/3、巧克力（微苦）2/3
味覺感受（種類＋強度 1-5 級）：
→酸 1/5、甜 1/5、苦 2/5
　觸覺感受（種類）：
→厚實、乾燥感

分析

　　由香氣的種類來看，因為有柑橘精油的香氣，所以咖啡豆應該是來自於高海拔地區的咖啡豆。但是由於此柑橘類的香氣不帶甜感，並且伴隨著烤花生與巧克力香氣。所以在確定生豆品質沒有問題的情況下（並非參雜其他海拔與目數差異大的商業級咖啡），則初步判斷應該是第二階段發生了蔗糖加水分解，進而梅納反應較為旺盛與焦糖化程度較低，最終導致這樣的烘焙結果。

　　由於案例中的咖啡風味有著高海拔豆所具備的酵素類精油香氣—柑橘，也意味著豆子應該有足夠的糖分可供焦糖化的進行，但是實際的杯測結果卻是以不帶甜感的烤堅果與巧克力為主。我們前面提到過，焦糖化反應所產生的風味大多帶有甜感，但是實際杯測後的風味卻感受不到明顯的甜感，因此判斷是烘焙過程中梅納反應

所造成的影響。由於旺盛的梅納反應將會讓樣品的咖啡豆內的蒸氣壓力較低，所以豆體的膨脹程度也較低。也因此我們可以藉由碾壓咖啡豆來作為佐證。

圖 7-7　烘焙完成後的杯測評估

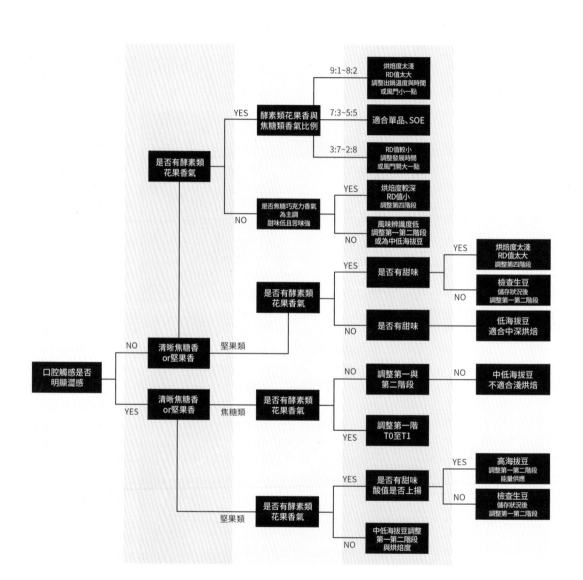

圖 7-8　感官分析表

所以在每次進行樣品烘焙之前，我們會針對豆子的含水率、密度、目數進行測量，接著再依照咖啡豆的物理參數來安排烘焙時的能量與節奏，在烘焙出鍋之前會再三的確認咖啡豆表的烘焙度色值是否在預定範圍內才進行出鍋的動作。

　　在烘焙結束後的杯測環節，我們會使用快速檢查表來判斷生豆品質以及用途，並且找到烘焙的調整方向這個快速檢查表是從感官上的「口腔觸感」為出發點，藉由感官上的分析來判斷出調整方向。

▌含水率的相對關係與基準豆的運用

　　由於筆者在工作上必須遊走於各地的緣故，在教學以及工作上時常會需要操作陌生的烘焙機。所以在烘焙上會習慣使用一支具備含水率高並且密度與目數適中等特性的高海拔豆子作為基準豆。接著在每次正式烘焙之前，都會使用基準豆來熱機，藉以獲取烘焙上的相關訊息。

　　這樣的熱機過程看似只是讓機器進行一個熱身的動作，但是實際上在背後卻有著重要的意義。那麼這樣的一支基準豆又何以從中獲得有意義的訊息呢？這就是掌握了烘焙原理以及生豆特性之後的運用方向。

　　首先為什麼要選擇高海拔豆呢？因為高海拔豆子具有足夠的蔗糖含量，這將為咖啡帶來甜味以及充足的原材料來供應焦糖化進行時所需。高海拔的咖啡也因為日夜溫差的因素，使得酵素作用生成了迷人的花果香氣。這樣的豆子可以呈現較寬廣的香氣味譜，適合在陌生烘焙機上掌握烘焙度以及風味寬度。

　　選擇高含水率的豆子則是因為高含水率也意味著較低的玻璃轉化溫度，烘焙過程中 T0、T1 的溫度點也會比較早到來。而適中的密度與目數將會讓 T0 至 T1 的時間更容易掌握。

　　當我們將這樣的基準豆安排為首批烘焙的豆子時，我們將可以獲得回溫點、T0 與 T1 的溫度、果糖焦糖化、葡萄糖焦糖化、蔗糖焦糖化、大理石紋、一爆等觀察點的時間與溫度。出鍋之前也必須確定豆表已有足夠的焦糖化程度之後再行出鍋。藉此評估能量的供應以及節奏上是否需要調整？以及風門是否需要調整。

　　獲得了這樣的數據後，也就能據此推估出各種含水率與密度、目數的豆子的 T0、T1 溫度與時間，以及相應的能量供應。所以說，這個看似日常敲鐘的熱機烘焙環節，其實背後有著大大的學問。

　　在我個人的習慣上，基準豆的挑選會有幾個要求設定。首先會選用含水率在 11.5% 至 11.8% 的區間，而密度介於在 740g/L 到 760g/L 之間，並且豆子的大小目數集中在 16 至 18 目之間的單一品種豆，尤其要注意的是，在咖啡豆的後處理上需要經過穩定且完整的處理環節的水洗處理豆。如此一來，我的選擇目標就很明確了，中南美洲的哥倫比亞、瓜地馬拉則是我的首選。這樣的基準豆既可以用於單品，作為義式拼配的基豆也綽綽有餘。

　　基準豆的選擇在物理條件上，未必要完全符合上述的條件，而是只要能掌握豆子的物理特性與數據，並且能反映出幾個重要觀察點的溫度與時間，進而讓烘焙師有足夠的資訊能進行評估與烘焙節奏與能量的規劃就可以了。尤其在面對陌生的烘焙機時，基準豆就顯出其重要性了。筆者參與過許多咖啡烘焙賽事的經驗來說，選手

在試機的環節裡如果能夠掌握試機豆的相關參數，則可以為正式比賽提供更多的可靠數據。

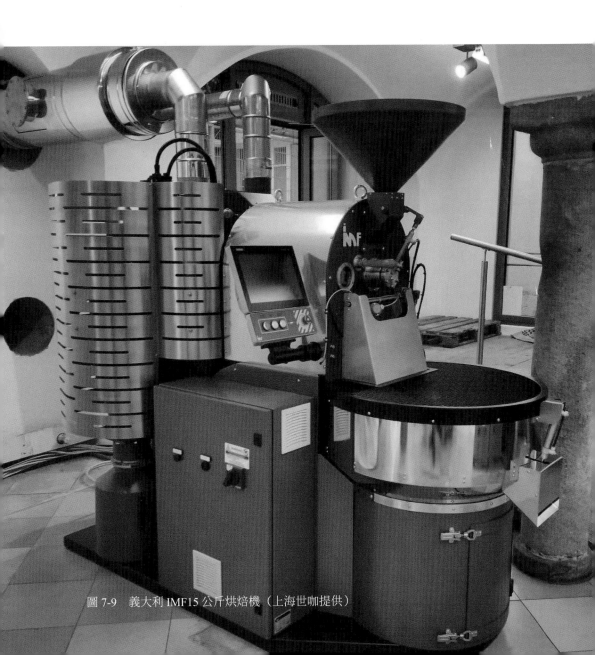

圖 7-9　義大利 IMF15 公斤烘焙機（上海世咖提供）

Chapter 08

更多關於烘焙上的觀念討論

失重率不是失水率

許多人會將烘焙後的重量與烘焙前的重量做比較，計算兩者的差異。這樣的數據也稱之為失重比，而非脫水率、失水率。咖啡烘焙生產的過程裡會運用失重比進行投料的計算以及產出規劃，在實務操作上的確有其意義，尤其在穩定的操作過程下咖啡的失重率會與烘焙程度成正相關。但是把失重比與失水率劃上等號，則是天差地遠了。

要知道，烘焙過程中失去的不只是水分，眾多的物質所進行的化學反應中，當然也會產生水分，如果真的要計算失水率的話，還是使用儀器進行測量吧。

不同處理法與不同產地的豆子是否有相應的烘焙曲線

烘焙曲線是來自機器上探針所測得的數據，相同的機器在不同的環境條件下，探針所測得的數據都會有誤差，更何況相同產地不同批次的豆子彼此間含水率、密度、目數……等的差異？

咖啡最終是要入口的、要好喝的。每個烘焙師追求的杯中世界各有不同，同樣一支豆子，有的人喜歡走飛揚的花香調，有的人喜歡走甘甜醇厚感強的。再加上沖煮上的各種變因之後，又怎麼可能一招一式以貫之呢？如果有的話，烘焙師就失去存在的意義了，不是嗎？

我們之所以專研咖啡烘焙，追根究底來說就是想烘出令自己滿意的一鍋咖啡，如果失去了個性與特色，那麼精品兩字也不復存

在了。

　　筆者在進行烘焙之前，會設定這爐豆子想呈現的風味（香氣上以及味覺上的搭配感受），以及用途（手沖、義式），並且依此來決定烘焙度以及烘焙手法。

　　烘焙度會影響豆子的膨脹度以及香氣的廣度，也會影響味覺上酸甜苦鹹的搭配呈現。烘焙手法的調整，則可以影響香氣味譜的寬窄，以及味覺感受的變化。而烘焙手法的調整依據，則是咖啡豆的含水率、密度、大小。以咖啡為本，感官上的感受為出發點來操作烘焙機，進而烘出自己想表達的咖啡風味，這也是全息烘焙法的目的。

▋雨天不烘豆與環境濕度

　　過去曾聽過老一輩的烘焙師說過，下雨天盡量不要烘豆。雖然心裡面對這樣的說法總是充滿疑問，但是自己也在寧可信其有的情況下依循了很久，深怕犯了忌諱毀了一鍋好豆。接下來，在經過反覆的實驗以及理論的推導後才發現，下雨天不烘豆的背後原因，其實與濕度以及氣壓的變化息息相關。這也不枉費我為此建置了一套個人氣象站，長期收集烘焙室、排煙口周邊的溫濕度以及氣壓等數據了。

　　烘焙環境中的濕度越高，代表空氣中的水分也越高，需要更多的能量來加熱空氣。也將會造成烘焙過程中，鍋爐內的壓力變化也與往常不同。再者，排煙口附近的濕度越大，阻力也越大，也需要適當的調整風門來因應，避免排氣不順暢。

而夏天室外溫度炎熱，室內涼爽。以及冬天室內溫暖，室外寒冷等內外溫度差異較大的時候，當然也需要調整風門或是風扇轉速來因應。

▌晴天烘豆與環境氣壓

氣壓的國際單位制是帕斯卡（或簡稱帕，符號是 Pa），泛指是氣體對某一點施加的流體靜力壓力，來源是大氣層中空氣的重力，即為單位面積上的大氣壓力。在海平面的平均氣壓約為 101.325 千帕斯卡（76 公分水銀柱），這個值也被稱為標準大氣壓。海拔 3,000 公尺以內，大氣壓會隨著高度的提升而下降，其關係為每提高 12 公尺，大氣壓下降 1mm-Hg（1 公釐水銀柱），或者每上升 9 公尺，大氣壓降低 100Pa。

瞭解了標準大氣壓的定義之後，我們再來談談氣壓的差異吧。通常海拔越高，氣壓就越低，空氣的重量也就越輕，空氣也變得稀薄許多，所以爬高山的時候需要攜帶氧氣瓶也就是這個道理。氣壓的高低也意味著空氣中含氧量的不同，當然也會影響烘焙過程中空氣的加熱效能、鍋爐內壓力的變化以及排氣時的空氣阻力。

過去也曾聽老烘焙師說過，天氣晴朗又涼爽的時候，就是烘豆子的好時機。而經由實際的數據收集下來後發現，這也與氣壓變化有著密切的關係呢。

▎烘焙滾筒內壓力與壓差表的應用方向

　　由於烘焙機是半密閉式的空間,隨著烘焙過程中的加熱與豆子內水蒸氣與二氧化碳釋放等因素,鍋爐內的氣體其實無法很快速地釋放,進而造成鍋爐內的壓力會逐漸升高,鍋爐內外的環境氣壓就會產生了差異。這樣的壓力變化,我們可以藉由壓差表或是風壓計的安裝來進行觀察。

圖 8-1　筆者自行加裝的壓差表

　　除了前述的濕度、環境氣壓等因素的影響之外,烘焙時的火力操作、時間節奏以及風門的調整也會造成鍋爐內的壓力在烘焙過程中產生變化。例如燃燒效率不佳,或是能量供應不足時,鍋爐內正壓上升的速度與幅度也會跟著改變。而出風口排煙受阻或者排煙管

不乾淨、集塵桶銀皮過多等,也會使鍋爐內壓力變化與往常不同。

　　鍋爐內的壓力變化當然不光只是受到熱源的加熱效應所影響,烘焙過程中咖啡豆受熱會產生體積上的變化,以及豆子內部的化學變化也會造成巨大的影響,所以勢必要調整火力與風門(調整抽風壓力)來因應,這種種問題也增加了咖啡烘焙的複雜度。從這個角度來看,就不難理解荷蘭的烘焙機廠家 Giesen 在設計理念上的「風溫先決」與「數位恆定風壓」的巧妙。在這樣的設計理念之下,既使烘焙機所處的外在環境氣壓與濕度產生了變化,甚至在烘焙過程中鍋爐內部的壓力產生了變化,皆可藉由風壓感測來捕捉這些差異,並且在電腦控制下使用變頻風扇來進行自動調整。

　　所以壓差表的應用,不只是觀察銀皮桶與排煙管是否該清理而已,更多的應用應該是與變頻風扇的搭配才是值得探索的方向。而養成例行清理烘焙機的好習慣也是一個烘焙師的基本工作。

　　當室外濕度以及氣壓大於室內環境時,烘焙機的廢氣經由排煙管排放到室外時就會遇到較大的阻力,烘焙機內的壓力就會與平時不同,如圖 8-3 及 8-4 所示。同理可知如果遇到室外強風或者氣壓較低時,烘焙師也需要作相應的處理。這幾年環保意識增強,烘焙後的排煙問題也成為烘焙師們必須解決的頭痛問題。而不論是選用光觸媒、水霧還是靜電除煙設備等,為了排煙而增長的排煙管以及設備都會對烘焙機的排氣風壓造成影響,在操作上勢必要加大風門或是風扇轉速來因應。

圖 8-2　以穩定風壓為設計理念的 Giesen 烘焙機

Chapter 08　更多關於烘焙上的觀念討論

室內外環境差異 A

圖 8-3　當室內與室外氣壓、濕度、溫度一致時，烘焙機的排煙會較為順暢

室內外環境差異 B

圖 8-4　當室外濕度、氣壓較室內高時，排氣較不順暢

172

在此我會建議在排風的處理上做個小更動，在靜電機等除煙設備前增加一個抽風機，並且不讓烘焙機的排煙管與抽風機直接連接，而是保持著一段「能將排出來的廢氣自然吸走」的距離即可（俗稱為「虛接」）。必要時也可以增加一個集氣罩來確保廢氣的收集。而這裡所指的「自然吸走」特別是指運轉中的抽風機不會對烘焙機的滾筒內造成任何負壓影響。

　　如此一來既可以讓烘焙機的排煙口保持在穩定的環境壓力、濕度，使得烘焙過程維持在一個相對穩定的條件，也能依靠抽風機的吸力順利的將廢氣排出，不會對烘焙機的氣流產生影響。

圖 8-5　加裝防風罩的排煙管

圖 8-6　排煙管與集塵罩並不完全相連的
　　　　虛接方式

參考文獻

王一凡（2014）。咖啡的香味分析與美拉德反應製備咖啡香精的工藝研究
（未出版之碩士論文）。上海大學食品科學與營養學系，上海，中國。

苑克花、郭吉兆、謝複煒、王洪波、丁麗、劉惠民（2011）。綠原酸的梯
度熱裂解分析。菸草科技，5，34-39。

吳惠玲、王志強、韓春、彭志妮、陳永泉（2010）。影響美拉德反應的幾
種因素研究。現代食品科技，26(5)，441-444。

陳亞非、黃健豪（2006）。食品中甘味的感官評價研究。中國食品學報，
1，57-62。

陳穎欽、何晗冰、劉暢、陸小華（2010）。葡萄糖和蔗糖熱分解過程的動
力學分析過程。工程學報，4，720-725。

詹世平、陳淑花、劉華偉、李卓、張欣華、孫永正（2006）。玻璃化轉變
與食品的加工、儲存和品質。食品工業，2，51-52。

田口護、旦部幸博（2015）。田口護的咖啡方程式。台北市：積木文化。

崔洛堰（2017）。咖啡香味的科學。台北市：方言文化。

Perren, R., Geiger, R., Schenker, S., & Escher, F. (2005). *Recent developments
in coffee roasting technology institute of food science.* In Association
Scientifique Internationale du Café (Ed.), *ASIC 2004: 20th international
conference on coffee science* (pp. 451-459). Paris, France: Association
Scientifique Internationale du Café (ASIC).

Schenker, S. (2000). *Investigations on the hot air roasting of coffee beans*
(Unpublished doctoral dissertation). Swiss Federal Institute of Technology
(ETH), Zurich, Switzerland.

Schenker, S., Handschin, S., Frey, B., Perren, R., & Escher, F. (2000). Pore structure of coffee beans affected by roasting conditions. *Journal of Food Science, 65*(3), 452-457.

Geiger, R. (2004). *Development of coffee bean structure during roasting – Investigations on resistance and driving forces* (Unpublished doctoral dissertation). Swiss Federal Institute of Technology (ETH), Zurich, Switzerland.

Geiger R., Perren R., Kuenzli R., & Escher F. (2005). Carbon dioxide evolution and moisture evaporation during roasting of coffee beans. *Journal of Food Science, 70*(2), E124-E130.

Sualeh, A., Endris, S., & Mohammed, A. (2014). Processing method, variety and roasting effect on cup quality of arabica coffee (*Coffea Arabica* L.). *Discourse Journal of Agriculture and Food Sciences,* 2(2), 70-75.

Rao, S. (2014). *The Coffee roaster's companion.* Canada: Scott Rao.

Hoos, R. (2015). *Modulating the flavor profile of coffee: One roaster's manifesto.* Minneapolis, MN: Mill City Roasters.

Folmer, B. (Ed.). (2016). *The craft and science of coffee.* London, UK: Academic Press.

Patterson, D., & Aftel, M. (2017). *The art of flavor: Practices and principles for creating delicious food.*

Knopp, S., Bytof, G., & Selmar, D. (2005). Inflfluence of processing on the content of sugars in green Arabica coffee beans. *European Food Research and Technology*, 223(2), 195-201.

TARRAZU CAFE

TO BRING HIGH-END COFFEE BEANS FROM GROWERS AND MAINTAIN THEIR FLAVOUR TO... TABLE URE EVERY GRAIN FROM ALL OVER THE WORLD

筆者於高雄艾暾咖啡教學

咖啡行者的全息烘焙法
（第二版）

作　　著：謝承孝

發 行 人：黃振庭

出 版 者：崧燁文化事業有限公司

發 行 者：崧燁文化事業有限公司

E-mail：sonbookservice@gmail.com

粉 絲 頁：https://www.facebook.com/
　　　　　sonbookss/

網　　址：https://sonbook.net/

地　　址：台北市中正區重慶南路一段六十一號八
　　　　　樓 815 室

Rm. 815, 8F., No.61, Sec. 1, Chongqing S. Rd.,
Zhongzheng Dist., Taipei City 100, Taiwan

電　　話：(02)2370-3310

傳　　真：(02)2388-1990

印　　刷：中茂分色製版印刷事業股份有限公司

法律顧問：廣華律師事務所　張佩琦律師

定　　價：520 元

發行日期：2022 年 12 月第一版

◎本書以 POD 印製

國家圖書館出版品預行編目資料

咖啡行者的全息烘焙法 / 謝承孝著.
-- 第二版 . -- 臺北市：崧燁文化事
業有限公司 , 2022.12
　面；　公分
ISBN 978-626-332-890-7(平裝)

1.CST: 咖啡

427.42　　111018081

官網

臉書